아이의 공부불꽃이 활활 타오른
경험을 했던 엄마들의 찬사!

부모라면 누구라도 이 책에서 보석 같은 지혜를 얻게 될 것이다. 언스쿨러, 전통적 홈스쿨러, 절충파, 몬테소리파, 발도르프파 등 어떤 방식을 지지하든 간에 도움이 될 것이다.
_ MSR

아들은 글쓰기라면 질색을 했는데, 이 책의 조언을 따르고 나서 1년도 채 지나지 않아 40편이나 되는 단편소설을 썼다. 우리 집의 공부 환경은 말로는 다 설명할 수 없을 만큼 확 바뀌었다!
_ Robert B.

아이 마음에 공부불꽃을 당겨주는 꿀팁으로 알차게 채워져 있다. 뿐만 아니라 눈물이 울컥해지는 경이로운 순간들도 담겨 있다.
_ CBD

그야말로 끝내주는 교육 정보의 보고다. 앞으로 수년간 나에게 보물 같은 자료가 되어 줄 것이다. 당신이 홈스쿨링 여정의 어느 즈음에 있든 간에 이 책은 별점 5점 만점짜리 필독서다.
_ Sheena R.

사랑스럽고 풍요로운 가정환경을 꾸미게 만드는 에너지가 대단해서 책장이 술술 넘어간다. 엄마 자신도 열정에 불이 붙는다!
_ Bookworm

집에서 자녀를 교육시키고 싶어 하는 사람이라면 누구에게나 잘 맞는 내용이다. 아이디어들이 명확하고 진정성이 있다. 이 책은 신선한 공기를 들이마시는 것 같은 기분을 선사한다.
_ Homeschool mama

이 책에는 셀 수도 없을 만큼의 '아하' 하는 순간들이 담겨 있었다. 방과 후 지도만 해주고 있더라도 이 책을 꼭 읽어보길 권한다. 공부에 대해서나 아이를 지도해주는 사람으로서의 역할에 많은 변화가 일어날 것이다.

_ C. Dunham

당장 실행에 옮겨도 될 만큼 실용적인 아이디어가 넘쳐나고, 오래 생각해보면서 곱씹을 만한 흥미로운 아이디어가 가득하다.

_ Carly Staub

이 책은 자주 들여다보며 거듭 참고할 만한 지침서이자 내 아이들의 교육에 마법을 걸어주기 위한 툴박스다. 아이의 마음에 공부불꽃을 당겨주는 것만이 아니라 엄마 자신도 용기 있는 학습자가 되는 비법이 담겨 있다.

_ Elena Grover

우리 아이들에게 더 좋은 부모이자 어른, 교육자가 되고 싶은 모든 이에게 아주 유용한 책이다.

_ T. Dobesh

가장 고마운 부분은 아이 다섯을 데리고 이 길을 걸어온 선배 엄마에게 새로운 활력과 격려를 얻었다는 것이다. 재미와 실용적 아이디어가 넘치고, 관점이 하나의 특정 교육 방식에 치우져 있지 않고 포괄적이다.

_Monique Willms

줄리는 나를 단 한 번도 실망시킨 적이 없다. 우리집의 홈스쿨에 생명을 불어넣어준다. 남편은 줄리를 나의 심리치료사라고 부르고, 나는 줄리를 홈스쿨링 멘토로 생각한다.

_ butterflygirl80

영감, 격려, 실용적 아이디어가 필요할 때마다 몇 번씩이고 참고하게 될 것 같다. 내가 아이들에 대해서나 아이들과 협력할 방법에 대해 알고 있다는 자신감을 갖게 해주는 값진 책이다.

_ Lisa D. Cotting

이 책은 엄마를 격려하며, 홈스쿨을 시작한 이유를 새롭게 새기게 한다. 가족들과 재미있게 지내는 것도 잊지 않게 해준다.

_ The puzzle knitter

온 세상이 기적의 연속이다.
하지만 우리는 그런 기적에
너무 익숙해진 나머지
기적을 평범한 일로 치부하고 있다.

Hans Christian Andersen (동화작가)

아이 마음에 공부불꽃이
일어나게 할 때 중요한 것은
사람들의 이야기, 희망, 욕구, 기회,
커뮤니티, 미래가 관건이다.
이 책은 홈스쿨의 이상과 실행 사이를
오가면서 이 점을 훌륭하게 부각했다.
부모라면 누구나 읽어볼 만한 책이다.

Terry Heick (교육혁신 단체 티치소트의 창설자)

엄마표 학습을 하는 모든 엄마들에게
독창적이고 창의적인 도움을
전해주려고 힘쓰는
줄리 보가트의 지칠 줄 모르는
열정이 묻어난다.

Peter Elbow
(매사추세츠대학교 앰허스트캠퍼스 영어학 명예교수)

엄마와 아이의 하루하루에
신선한 생기를 불어넣어준다.

Ainsley Arment
(홈스쿨 블로그 와일드플러스프리의 개설자)

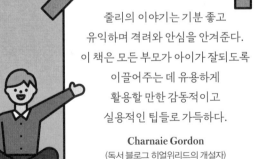

줄리의 이야기는 기분 좋고
유익하며 격려와 안심을 안겨준다.
이 책은 모든 부모가 아이가 잘되도록
이끌어주는 데 유용하게
활용할 만한 감동적이고
실용적인 팁들로 가득하다.

Charnaie Gordon
(독서 블로그 히얼위리드의 개설자)

아이 마음에
공부불꽃을
당겨주는
엄마표 학습법

미국 엄마들의 홈스쿨링 바이블

아이 마음에 공부불꽃을 당겨주는 엄마표 학습법

줄리 보가트 지음 — 정미나 옮김

센시오

내 아이들이
어렸을 때 이 책을 만났더라면!

Susan Wise Bauer

영문학 교수 · 초중고 과정 모두 홈스쿨링으로 이수

나는 홈스쿨과 떼려야 뗄 수 없는 사람이다. 처음에는 나 자신이 홈스쿨 교육을 받았고, 나중에는 엄마가 되어 네 명의 아이들을 집에서 가르쳤다. 나는 홈스쿨을 하며 아이들에게 학습열을 일으켜주려고 안간힘을 썼지만, 막상 그 여정이 끝나갈 즈음에 이르러보니 쉽지 않은 일이었음을 새삼 깨달았다.

학습열은 만든다고 만들어지는 게 아니다. 창의성 자체가 그렇듯, 또 낭만적 사랑이 그렇듯, 학습열 역시 내면에서 일어나는 신비로운 힘이다. 10대의 못 말리는 첫사랑을 어떻게 막을 수 없는 것처럼 외부에서 아무리 자극해도 억지로 불어넣어줄 수 없다.

수년을 지내온 끝에 부모이자 선생으로서의 내 임무는 아이들이 문법이나 수학, 역사나 과학에 홀딱 빠지도록 유도해주는 게 아니라는 것을 알았다. 이 책의 저자 줄리가 그렇게 해봐야 뜻대로 되지 않는다는 사실을 지혜와 적재적소의 유머를 섞어가며 짚어주어서 정말 다행이다. 엄마가 해줘야 할 일은 새로운 흥미에 불꽃이 튀어 활활 타오를 만한, 산소 풍부한 환경을 갖추어주는 일이다. 우리 아이들이 의미 있고 도전의식 충만한 성인의 삶으로 나아갈 자신만의 길을 찾도록 풍요롭고 다채로운 환경을 조성해줘야 한다.

이 책은 바로 그것을 다뤄주고 있다. 아이들에게 정말로 필요한 것, 즉 "열정이 마법처럼 분출되게 해주는 조건"을 갖추어주기 위해 부모가 어떤 자세와 접근법과 전략을 취하면 좋을지 알려준다. 이것은 성취에만 매달리는, 결과지향적 교육제도를 바로잡기 위해 꼭 필요한 철학이다. 시험 성적과 대학 합격에만 매달리는 지금의 교육제도는 개선이 필요하다.

이 책은 요점정리, 구체적인 실행법, 사고실험 등을 통해, 설명한 원칙을 새롭게 적용해볼 만한 실용적인 방법도 같이 제시해주고 있다. 망원경, 보석감정용 루페(소형 확대경), 3D 안경, 만화경에 투자를 해서 사물을 보는 방식에 물리적 변화를 주어 지각을 보다 종합적으로 연계시켜주도록 구체적 제안도 덧붙여준다. 10대가 학습에서의 자율성을 키우는 것이 얼마나 중요한지를 그냥 설교만 하는 것으로 그치지도 않는다. 인근 지역이나 거주 도시에서 찾아볼 만한 학습 기회들도 함께 알려준다. 예술에 흥미를 일깨워줄 만한 멋진 준비물을 언제든 쓸 수 있게 챙겨주라는 조언만으로 그치지 않고 문구 전문점에서 구매할 수 있는 아주 다양한 준비물을 구체적으로 알려주기도 한다.

줄리는 우리 아이들이 언제까지나 우리 곁에 머물지 않는다는 점뿐만 아니라, 홈스쿨의 시기는 전 생애에 비하면 짧은 순간이라는 점도 상기시킨다. 이 책을 다 읽고 나면 깨닫게 될 테지만, 엄마는 어느새 자녀의 학습 스타일과 엄마 자신을 재평가하게 될 것이다. 엄마 자신이 어떤 사람이고, 아이들 외에 자신에게 즐거움을 느끼게 해주는 일이 무엇인지 알고 있으면 홈스쿨이라는 대장정이 끝났을 때 평안함과 낙관론이 깃들게 된다.

이 책은 가치 있는 자녀교육서다. '내 아이들이 어렸을 때 출간되었더라면 얼마나 좋았을까!' 하는 아쉬움이 들 정도다. 한편으로, 이 책은 교육서 그 이상이기도 하다. 현재에 머무는 방법에 대해서도 알려주니까. 피곤한 날에도, 심지어 아이들이 그 무엇에도 영 흥미가 없어 보이는 날에도 삶의 기쁨을 찾아내는 법에 대해 알려준다. 무엇보다 아이와 엄마 자신이 잘될 거라는 확신을 가지고 현실에서 용기를 내게 한다.

20여 년간
수만 명의 가족을 통해 터득한
'공부불꽃 당기는 법'

이 책을 집어든 엄마에게 부탁한다. 본격적으로 읽어나가기 전에 커피나 차 한잔을 옆에 가져다놓기를. 독서 등의 밝기도 조절해서 책을 읽기 편안한 분위기부터 잡아보자. 자, 준비되었는가?

부드러운 불빛과 아늑한 분위기 속에서 자녀교육이라는 버거운 임무에 마주해보자. 나는 이 책을 통해 엄마가 지금 돌보고 있는 어린아이들을 어떻게 양육해야 할지, 다정하고 온화한 접근법을 소개하려고 한다. 또한, 엄마의 꿈이 더 잘 펼쳐지게 해줄 만한 계획을 알려주려고 한다.

아이가 역사나 영문법, 화분에 물 주기 등을 주도적으로 한다고 상상해보자. 지나친 온라인 게임이나 TV 시청을 할까봐 걱정하지 않아도 된다면 어떨까? 자녀 양육으로 인해 꼬여버린 하루를 전환시킬 방법을 알게 된다면?

잠시, 마음의 눈으로 그려보자. 함께 글쓰기를 하고 싶어 하며 들떠 있는 아이의 얼굴을. 수학 문제 풀이에 재미를 느끼며 빠져 있는 또 다른 얼굴도. 학년 말에 이르렀을 무렵, 아이가 엄마와 함께 있는 순간을 즐거워하며 확실한 학업 진전을 이룬 상황도 머릿속에 그려보자. 기분이 끝내줄 것 같지 않은가?

자녀교육을 하면서 이런 기분을 느끼는 일은 충분히 가능한 일이다. 앞으로 엄마가 일상생활에서 이런 기분을 더 자주 누리도록 내가 도와주겠다.

어떻게 해야 아이 마음에 공부불꽃을 당길까?

내가 그동안 만나왔던 홈스쿨 교사 겸 엄마들이 나에게 사명으로 밝힌 의견은 하나같이 똑같다.

"아이들이 공부에 열의를 갖게 해주고 싶어요!"

나 역시 다르지 않았다. 나도 깨지기 쉬운 이런 꿈을 품고 17년 동안 다섯 아이를 홈스쿨로 키웠다. 그러면서 커리큘럼, 교육론, 홈스쿨의 철학 사이에서 갈팡질팡하는 기분이었다. 모든 방면에서 너무 뒤처지는 것 같아서 불안했다. 뒤처진 격차를 절대 따라잡지 못할 것 같아서 두렵고 초조했다.

내가 찾아봤던 모든 신념 체계의 핵심, 교육을 풍요롭게 펼쳐줄 마법의 열쇠로 '공부불꽃'을 꼽는다. 하지만 실제로 공부불꽃을 어떻게 당겨주고 적용시킬 수 있을지에 대해서는 막막하다. 홈스쿨이라는 대장정을 시작하면서 나는 내가 '아이들과의 학습에 푹 빠져버려' 계단을 허둥지둥 달려 내려가서는 냅다 수학책을 잡으며 '자, 어서 빨리 분수 공부부터 하자!'라고 들떠서 소리치는 상상을 했다. 하지만 그런 상황이 현실이 된 적은 단 한 번도 없었다.

수년 동안 홈스쿨을 이어가는 사이에 '공부불꽃'이라는 눈부신 이상은 수차례 변신을 거듭했다. 공부불꽃이 의미하는 바에 대해 나는 이랬다저랬다 생각이 달라졌다. 내 아이들의 열정에 불이 붙으면 영문법을 술술 배우게 되는 것일까? 아이들이 공부에 푹 빠져들게 할 비결을 내가 찾아내줘야 할까? 같이 책을 읽는 것부터 시작해서 진도를 나가다가 어느새 아이들이 자율적인 학습에 빠져들어야 하는 걸까? 한편으로는 전통적 교육자들이 옳은 것인지, 언스쿨링(아이들이 정규교육을 받지 않고도 알아야 할 모든 것을 배울 수 있다는, 솔깃한 개념)에 전념해야 할지 갈등이 되기도 했다. 나 스스로에게 이렇게 묻기도 했다.

'아이들의 공부 의욕을 어떻게 자극시킬까?'

공부불꽃을 뒷받침해주는 핵심 개념은 아이가 완전히 습득할 때까지 끈기 있게 매달릴 정도로 도전에 흥미를 갖게 해주는 데 있다.

물론 이 말에 의문이 들 것이다. '그런 흥미를 어떻게 유발시켜 줄 것인가? 공부불꽃이 아이들 특유의 산만함, 부모의 자기 회의, 독감, 주정부 학업표준 속에서도 활발히 발휘될 수 있을까?' 물론! 가능하다.

홈스쿨이라는 대담한 여정의 중심에는 아이의 교육이 엄마로도 충분하다는 신념이 깔려 있다. 엄마의 에너지, 기지, 창의성, 열정으로도 자녀에게 충분할 것이라는 그런 신념이다.

나는 20년이 넘도록 수만 홈스쿨 가족과 직접적으로 협력하는 특권을 누려왔다. 존경스러울 정도의 용기, 근면 성실함, 끈기를 갖춘 이들 가족에게 내가 운영하는 회사 브레이브 라이터Brave Writer를 통해 글쓰기 지도법을 코치하고 나의 코칭 커뮤니티인 홈스쿨 연맹 Homeschool Alliance을 통해 홈스쿨 교육을 코치하고 있다.

20여 년간 수만 명의 가족을 코칭하며 깨달았다 '엄마에게 용기가 필요하다'는 사실

그동안 지켜보며 느낀 바지만 엄마들은 스스로를 너무 내몬다. 남들 눈에는 잘하는 것처럼 보이는 엄마들조차 불안감으로부터 자유롭지 못하다. '더 많이, 다르게, 더 나은'의 고리를 돌고 또 돈다. 홈스쿨을 하는 엄마들은 불안감을 잠재우려고 더 많은 돈을 쓰고, 커리큘럼을 다르게 바꿔보고, 자녀에 더 나은 교육 철학을 적용한다.

그러다가 이전과 똑같은 기준에 따라 그 성과를 평가하고 나서 또다시 불안감에 빠진다. 결국 '더 많이, 다르게, 더 나은'의 사이클을 또 한차례 돌게 된다.

해결책은 교재나 이념에 있지 않다. 홈스쿨에서 즐거움, 평온함, 진전을 누리기 위해 필요한 것은 오히려 패러다임의 전환이다. 홈스쿨을 바라보는 관점과 수행하는 방식에 대한 기준을 바꿔야 한다. 나는 지난 몇십 년에 걸쳐 여러 학습 이론에 몰두하며 그 이론들을 내 아이들에게 테스트해보고, 전 세계의 다른 여러 홈스쿨 가정에서도 테스트되는 상황을 살펴보기도 했다. 이 책을 통해 나의 가정을 비롯한 다른 수만 가족구성원이 수용한 원칙과 실행법을 소개해주며 엄마인 당신이 그런 식의 학습에 조금 더 애착을 느끼게 하고, 노력을 기울이는 자신에게 조금 더 너그러워지도록 돕고 싶다.

더 다정하고 더 온화한 홈스쿨의 열쇠는 가정의 안락함, 자연스러운 학습의 원칙, 친밀한 관계의 정겨움 등 우리가 간과하는 세세한 부분에 관심을 갖는 것이다. 학년, 학습 범위와 순서, 필수과목 같은 전통적인 평가 방식에서 벗어나려면 용기가 필요하다. 우리 아이들은 자신이 배우고 싶은 것을 무엇이든 배울 수 있다는 신념으로 두려움 없이 어떤 주제든 자신이 끌리는 관심사에 뛰어들면서 자연스럽게 학습을 이어간다. 하지만 엄마들은 불안해한다. 나 역시 그랬다. 내 아이들이 꼭 배워야 하는 모든 내용을 정말로 잘 학습하고 있는지 불안해했다. 교육을 바라보는 새로운 관점과 교육을 실행하는 새로운 방식을 배우며 아이들이 자신의 미래를 다룰 채비를 갖추고 성인기의 문턱에 다다르게 될 것이라고 믿으려면 용기가 필요하다.

학습을 바라보는 방식, 학습을 우리 아이들에게 연계시키는 방식, 그리고 가정에 학습 유도 환경을 조성하는 방식에서 몇 가지 적절한 개선을 하면 자녀교육과 부모의 양육 체험을 완전히 바꿔놓을 수 있다. 이 원칙은 개별 가정만의 독자적인 리듬과 개성에 따라 맞추어지기 때문에 안도감을 느끼게도 해준다. 하나의 교육 이념을 엄격히 고수해야 한다는 짐으로부터 자유로워지기도 한다.

부디 그렇게 자유로워지길 바란다. 그래야 이 책에서 소개하는 제안들을 시험 삼아 체험해보고, 탐구와 실험도 벌여보고, 또 적용해보다 맞지 않는 것들은 폐기해볼 수 있다. 발견의 즐거움을 자유롭게 누리길. 하나의 아이디어가 또 다른 아이디어를 번뜩이게 해주어 전혀 새로운 풍경으로 이끌어주는 그런 체험을 해보길 바란다.

내가 알려주는 실행법과 자세의 가치를 최대한 발현시키기 위해서는 엄마 자신이 용기 있는 학습자가 되어야 한다. 엄마 자신의 여정에 주의를 기울이며, 열정을 자극하는 것이 무엇이고 회의론을 느끼게 하는 것이 무엇인지 알아보라. 엄마인 나의 반응에 관심을 가져보라. 일기를 써라. 책을 읽다가 의문점이 들면 가장자리 여백에 메모해보자. 자유와 지지 모두를 바라는 엄마 안의 아이를 인식해보자. 이런 체험을 바탕으로 아이들의 학습 모험에 공감을 가져주자.

공부불꽃이 당겨지면, 아이가 180도 달라진다

나는 홈스쿨에 이런 여러 방법을 활용했던 가족들에게 꾸준히 편지를 받고 있다. 편지의 내용은, 빤히 보이는데도 못 알아봤던 아이들의 신나는 학습 열의가 갑자기 눈에 들어오게 되었다고들 하는 사연이 주를 이룬다. 엄마들이 자신들의 타고난 창의성과 연민을 활용해 어떤 과목이든 간에 그 학습에 마법을 거는 요령을 발견한 것이다. 또한, 자녀의 교육에 탄력을 불어넣기도 하고, 환상적인 이상에 부응하지 못한 것에 대해 더는 심한 자책을 가하지 않게 된다. 전통적인 학교생활을 하는 아이들 역시 엄마가 용기 있는 학습과 가족 유대의 원칙을 적용한다면, 학교생활이나 배우고 있는 교과목 공부 역시 저절로 풍요롭고 재미있게 느낄 것이다.

홈스쿨을 하는 부모라면 대부분 자녀와 화목하게 지내면서 더 알고 싶도록 호기심을 자극해주는 크고 대범한 학습 세계의 경이로움을 같이 나누고 싶어 할 것이다. 당신도 당장 그런 경험을 해보지 못할 이유가 없다.

여기에서 소개하는 아이디어와 통찰을 완벽히 다 적용시키지 않아도 된다. 변형시켜도 상관없다. 심호흡을 하고 마음속에 용기를 불어넣어라. 이 책을 끝까지 계속 읽어보라. 과자도 집어 먹으면서.

자, 지금부터 시작해보자.

차례

제1부

먼저 아이에게 공부불꽃이
타오를 환경을 만들어줘야 한다

제3부

과목별로
공부불꽃 당기는 법

제4부

엄마의 삶에도
불꽃 당기기가 중요하다

※ 일러두기

이 책에 소개된 사람들의 일부 이름과 특이점은 개인의 사생활 보호를 위해 변경했다.

제 1 부

먼저 아이에게 공부불꽃이
타오를 환경을 만들어줘야 한다

1장
공부불꽃을 당겨주는 불쏘시개로
무엇을 쓸 것인가?

교육의 핵심은 비법이나 비결, 기법이 아니라 불꽃이다.
세상 사람들이 아이의 삶에 불꽃을 붙여주는 것이 무엇을 의미하는지
깊이 이해해야 한다.

Parker J. Palmer(사회운동가·작가)

 공부 불꽃이 시작됐다!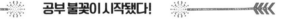

열 살인 제이콥이 한창 밤하늘에 흥미를 보였을 때, 나는 그다지 신경 쓰지 않았다. 하지만 제이콥의 집념은 보통이 아니었다. 도서관에서 태양계를 설명한 책들을 찾아 읽더니 생일 선물로 망원경을 사달라는 것이다! 어떻게 하면 우주 캠프에 갈 수 있을까 고민하다가 일단 과자를 만들어 팔아서 돈을 모으겠다고 했다.

나는 아들의 그런 열정을 중요하게 여겨줄 만큼의 상식은 있는 엄마라고 생각했다. 다만, 그때 나에게는 아들의 그 집념과 호기심을 키워줄 지도력이 없었다. 아니, 학교에서 배우는 과목들의 기초도 따라가기가 급급한데 밤하늘 보기와 망원경이 웬 말인가. 지금 그럴 때가 아니라는 생각이 들었다. 제이콥은 정말

문젯거리 아들이었다. 하지만 열정에는 묘한 면이 있다. 열정은 불꽃을 튀게 해서 끝내 하고야 마는 쪽으로 마음을 끌어당기는 법이다. 제이콥은 억누를 수 없을 정도로 천문학에 열의를 불태우게 되었다.

그러다가 반전이 일어났다. 아들 제이콥이 나의 천문학 스승이 된 것이다! 우연히 우리는 같이 우주 관련 책을 보았다. 제이콥은 나에게 내용을 읽어주며 친절하게 설명까지 덧붙였다. 우리는 뒤뜰에 나가 하늘을 올려다보며 별자리를 찾아보기도 했다. 자연스럽게 많은 이야기를 나눌 수 있었다.

이후, 나는 아들과 함께 여행 가면 좋을 만한 장소들을 검색해보았다. 어디로 가야 별이 더 잘 보일까… 고민하는 시간은 예상외로 행복했다. 좀 부담되는 가격이기는 했지만 아들이 가지고 싶어 하는 학습 도구(망원경, 별자리 지도)도 사주었다.

내심 아들이 포기하기를 바랐던 흥미…. 그 영역으로 들어서는 여정은 번거로웠다. 아들의 흥미가 불편하게 느껴졌다.

'곧 따분해할 거야, 일을 크게 만들지 말았으면….'

이런 생각이 들었다. 한밤중에 따뜻하고 편안한 잠자리를 꾸역꾸역 벗어나 굳이 망원경으로 캄캄한 밤하늘을 올려다보러 추운 바깥으로 나가야 하는 과정이 귀찮고 번거로웠다.

그러던 어느 날, 새벽 4시쯤이었을 것이다. 아들이 하라는 대로 망원경 렌즈에 눈을 가져다 댔다. 처음에는 깜빡이는 눈 때문에 시야가 가려서 아무것도 보이지 않았다. 제이콥은 긴장을 풀라는 의미로 나를 토닥였다. 그러다가 어느 순간 시야가 뚜렷해졌다. 불그스레한 구체와 그것을 둘러싼 평평한 고리가 차츰 보이기 시작했다. 감동이었다. 갑자기 그 행성이 생생히 느껴지면서 눈물이 왈칵 솟았다.

"세상에, 제이콥. 토성이야! 진짜 토성이야!"

내 평생에 토성은 책 속에만 존재하는 것이었다. 40년 동안 교과서에서나 보던 태양계 행성을 내 눈으로 보다니!

열 살짜리 아들이 안내해준 대로 하니 매혹적인 한순간을 뇌리에 담을 수 있었다. 아들은 나에게 마법 같은 밤하늘을 선물해준 셈이다.

지금의 내 모든 천문학 지식은 제이콥의 공부불꽃 덕분에 쌓였다. 특히, 그날 밤하늘이 준 감동으로 인해 나는 제이콥만큼이나 별자리에 대해 열정을 가지게 되었다.

공부불꽃을 당겨주는 불쏘시개

나 역시 그랬지만 대다수의 부모가 불꽃을 당겨주지도 않고서 아이의 학습 열의가 확 타오르기를 기대한다. 또는 아이의 학습 열정에 작은 불꽃이 붙는 걸 보면서 왜 그것이 오래오래 타오르지 않는지 영문을 모르겠다고 말한다.

자, 생각해보자. 아이에게 불쏘시개가 떨어져서 그런 것은 아닐까? 불쏘시개? 어떤 상황을 "불쏘시개가 떨어졌다"라고 말하는 것일까? 아이가 부모와 진지하게 자신의 학습 열정에 대한 대화를 나누지 못하고, 그래서 지원을 받지 못하면 불쏘시개가 떨어진 상황이라고 한다. 불꽃이 서서히 사그라들면 '아이가 글짓기에 열의가 없네' '아무래도 수학을 싫어하는 모양이야' 등 그전까지 활활 타올랐던 불꽃 자체를 의심하기 십상이다. 대다수 부모가 학습의 불꽃은 꺼지지 않아야 한다고 여기면서 먼저 당겨주고 꺼지지 않게 유지해주는 역할은 잘하지 못한다. 불쏘시개를 구비해주지도 못한다. 그래놓고 불꽃이 꺼지면 실망하고 만다.

학습 열정은 번갯불로 시작된 산불처럼 어마어마하게 타오를 수 있을까? 아니면 신문지 조각, 성냥, 마른 장작으로 정성 들여 피우는 벽난로의 불꽃처럼 살살 피워낼 수 있을까? 그것도 아니면 향초에 불꽃을 당겨주듯 단 하나의 심지에 열정을 피우는 것일까? 이런 의문은 세계 도처의 부모와 교육가들을 알쏭달쏭하게 만드는 수수께끼다.

공부불꽃은 상상력에서 시작된다

내 아이가 어떤 시리즈 책에 푹 빠져 있다고 상상해보라. 아이는 그 시리즈 원작 영화를 세 번씩 반복해서 보면서 주인공의 대사를 읊을 정도로 열성이다. 그 이야기가 게임으로 나온 사실을 알고는 게임도 해본다. 이런 식의 몰입은 아이의 상상력에 불쏘시개 역할을 한다. 이제는 해당 주제로 깊이 파고들도록 자극해줄 불꽃만 있으면 된다. 가령 아이가 팬 픽션fan fiction(특정 소설·영화 등의 팬들이 그 속에 나오는 인물들을 등장시켜 인터넷에 써 올리는 소설) 사이트를 우연히 발견해서 상상력에 불을 붙이는 식이다. 글을 쓰고 싶은 마음이 자극되어 그 등장 인물들로 자신만의 새로운 이야기를 쓰고 싶어지는 것이다.

이때부터 돌연 아이는 머릿속에서 마구 솟구치는 상상 속으로 빠져든다. 하루에 몇 쪽씩 글을 쓰며 양치질도 깜빡하고, 글쓰기를 멈추고 수학 문제를 푸는 것도 싫어한다. 아이의 글에는 창의적인 불꽃이 가득 담긴다. 급하게 쓰느라 철자가 틀리고 마침표를 빠뜨렸지만, 손에 땀을 쥐는 비범한 표현이 보이고 절묘한 묘사와 대화 그리고 서스펜스가 군데군데 눈에 띈다. 두서없이 이야기를 늘어놓다가 결론을 맺지 않고 다시 가장 흥미로운 순간으로 되돌아가기도 한다. 그렇게 마지막 남은 연료까지 다 쓰면 열의가 약해진다. 절박했던 마음은 만족감으로 바뀐다. 여기까지다.

이후에 아이는 새로운 흥밋거리를 찾아 컴퓨터 앞에서 일어선다. 이런 마법에 걸린 듯한 학습 체험은 행복한 기억으로 남는다. 엄마는 아이가 내면에 그런 기억을 축적하도록 지켜보면 된다. 그다음 아이가 다른 모험을 하고자 할 때 또다시 만족감을 얻을 수 있도록 불꽃을 당겨준다.

불꽃을 꺼뜨리지 않는 엄마

아이가 열정을 마구 분출 중일 때, 부모는 그 불꽃에 풀무질을 해주느냐 찬물을 끼얹었느냐 선택의 기로에 놓인다. 풋내기 작가인 아이가 자신이 쓴 이야기를 읽어봐달라고 가져왔다. 엄마인 당신은 어떻게 반응할 것인가?

당신이 풀무를 든 엄마라면 아이의 글쓰기 열정, 뛰어난 표현력, 원래의 캐릭터들과 잘 조화된 묘사, 상상력을 알아봐줄 것이다. 아이가 학교 과제가 아닌데도 글쓰기에 의욕을 갖게 된 사실에 감동해서 입에 침이 마르게 칭찬한다. 두서없는 전개, 행 바꿈조차 제대로 안 된 문장, 논리 부족, 맞춤법과 띄어쓰기 실수가 눈에 들어올 수도 있다. 하지만 그런 것들은 못 본 체 넘어간다. 지금은 불꽃을 억누를 때가 아니라 잘 타오르게 입김을 불어넣어줄 때니까.

물이 출렁이는 양동이를 든 엄마라면, 아이의 창의력이나 이야기꾼다운 면모, 모험심을 알아보지 못하고 놓치기 쉽다. 오히려 맞춤법이 틀린 부분이 눈에 들어오고 결말이 확실하지 않다는 점에 신경이 쓰인다. 전문 작가끼리만 아는 용어를 들먹이면서 "네가 쓴 건 무슨 얘긴지 모르겠다"고 반복해서 충고한다. 설사 아이의 글에서 뛰어난 재능을 발견하고서도 '이 천재성을 키워주려면 내가 어떻게 해줘야 할까? 글쓰기 학원에라도 등록해야 하지 않을까?' 이런 걱정부터 한다.

어린 작가는 부모의 응원을 받아 글쓰기의 불꽃이 활활 타오를 수도 있고 "아이, 안 쓸래" 하며 단념해버리기도 한다. 열정에 불이 붙은 아이는 격려와 칭찬을 받으면 내면의 연료가 갖추어진 동안 학습을 이어간다. 엄마와 대화를 나누거나 책을 읽거나 상상놀이를 펼치면서 불꽃이 꺼지지 않고 계속 타오르게 할 수도 있다. 불꽃은 때때로 더 활활 타오르기도 하고, 또는 기상 상태가 바뀌면서 장작이 젖어버려 아무리 해도 계속 불을 지피지 못하기도 한다. 활용 가능한 불쏘시개가 떨어져서 금세 꺼지기도 한다. 이때 엄마는 아이가 흥미를 잃는 이유에 대해 도통 감을 잡지 못할 수도 있다.

자연스럽게 불붙은 열정이 시들더라도 안심해라. 그 열정으로 인해 기분 좋은 기억이 남았으니까. 내면에서 분출한 상상에 자극을 받아 실제 행동으로 보여주었던 그 경험을 아이는 잊지 않을 것이다. 아이는 인정과 존중을 받으면 다시 그런 불꽃 당김을 시도한다. 아이는 자신을 믿을 수 있게 되어 용감하게 호기심을 좇을 수 있다. 언제든 불꽃을 피울 수 있는 작은 불쏘시개를 간직한다.

엄마는 뜻하지 않게 아이의 학습 열정에 붙은 불꽃을 꺼버리기 쉽다. 아이가 포켓몬 고(증강현실, AR 게임의 특성을 살려 플레이어가 직접 움직여 포켓몬을 잡는 활동성 게임)에 푹 빠져 있을 수도 있다. 이때 부모의 판단상 이 게임에 교육적 가치가 없다고 생각하면 어떻게 할까? 포켓몬 고를 한심한 게임으로 여기며 시간제한을 할 것인가? 이 게임을 비웃으며 아이와 말다툼을 벌이지 않을까?

아이가 공포 영화에 끌려 하거나 권투에 흥미를 갖는다면 엄마로서 어떻게 할까? 낯을 많이 가리는 아이가 일주일 합숙을 해야 하는 캠프에 가고 싶어 한다면? 더군다나 집 밖에서 잠잔 적이 단 한 번도 없다면? 이럴 때 안 된다고 단호하게 못 박는 것이 올바를까? 엄마의 노파심은 아이 마음에 모처럼 피어오르는 아이 마음의 열정에 불꽃을 꺼뜨리기 십상이다.

　엄마는 내 아이의 관심사가 못마땅하더라도 일단 마법 같은 열정을 분출시켜줄 환경을 만들 용기와 능력이 필요하다.

아이의 관심사와 교과목을 연결하는 특급 비결

진정한 학습에는 활용이 수반된다.
당장 어떤 식으로든 활용하지 못하거나 적용시킬 수 없는 학습은
제대로 된 학습이 아니다.

William Reinsmith(교육전문가·영문학 교수)

공부 불꽃이 시작됐다!

이번 활동은 아이의 학습을 다른 관점에서 바라보는 것에서부터 시작한다. 아이가 적절한 교육을 받지 못하고 있는 것이 아닐까 걱정된다면 꼭 해보기를 바란다. 아이가 기분 좋게 술술 수행하는 영역과 그에 대한 관심, 전통적 교과목과의 연관성을 파악해보자. 아이의 관심사와 교과목을 서로 연결시키는 데 활용하기에도 유용하다. 이런 활동은 학업 진전을 위해 꼭 필요한 일이다.

자, 먼저 교과목을 쭉 적어보자. 교과목 목록을 만든 다음 각 과목별로 세분화해보자.

아이가 현재 열정을 보이는 관심사를 쭉 적어보자. 예를 들어 축구, 만화 영화, 그리스 신화, 동물원의 동물들… 이런 것들을 말이다.

아이의 중심 관심사 : 피아노

• 음악   (예시) 작곡, 이론, 연주, 음악 양식, 음악작품
_____

• 읽기 _____

• 쓰기 _____

• 수학 _____

• 역사 _____

• 과학 _____

• 철학 _____

• 종교 _____

• 외국어 _____

• 미술 _____

• 사회과학 _____

• 체육 _____

    가령 만화 영화 시청같이 엄마에게는 하찮게 여겨지는 관심거리일지라도 꼭 목록에 적어라. 그것을 쓸데없다고 여긴 엄마의 판단이 작용한 것일 수도 있으니까.

    이번에는 가능한 한 구체적으로 아이의 열정을 특정 교과목과 연결해보자.

1단계 열정의 주요 주제를 살펴보며 그 특성을 조목조목 짚어보자. 읽기, 쓰기와 관련한 주제의 관련 용어, 역사(유래, 위치, 근거), 역사적 관계(종교, 갈등이나 전쟁), 연관 유명인(창작자, 발명가, 참가자, 군주, 군인, 실천가, 학자), 책과 시, 예술품과 연극, 영화와 TV 시리즈까지 빠짐없이.

2단계 정리해둔 목록을 전통적인 교과목과 잘 맞게 연결하자.

3단계 이제는 종이 한 장을 앞에 놓고 그 한가운데에 말풍선을 그려 아이의 관심사를 써넣자.

4단계 이 말풍선 옆에 말풍선을 더 그려라.

5단계 그 안에 교과목명 하나를 적은 후 아이의 주된 관심사와 어떤 연관성을 띠는지 쭉 써보자.

6단계 이 공부의 대륙에 또 하나의 '국가 영역'을 그려넣어라. 그다음 그림을 참고해서 그 바깥쪽으로 더 많은 연관성을 추가해나가면 된다.

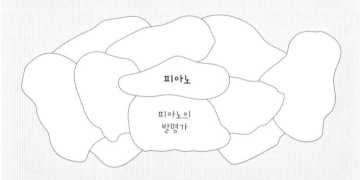

모양이 완성된 학습 대륙을 쭉 보아라! 이 책 전반에 걸쳐 다시 이야기하게 될 테니 보고 난 다음에도 잘 간직해두자.

교과목 간의 상호연결성

학습에 대한 애착이 없는 아이에게 공부의 동기나 열정, 자기단련을 요구하는 것은 무리다. 그런데 어른들은 억지로 아이에게서 학습에 대한 관심을 유도하려고 애쓴다. 스티커, 아이스크림, 용돈 등을 이용해서 아이들이 책을 읽고, 영어 공부를 하며, 피아노를 연습하도록 자극한다. 좀 다른 방식으로 학습에 대한 관심을 유도할 수는 없을까?

자, 지금부터 아이가 자율적으로 학습에 애착과 관심을 가지게 하는 방법을 공개한다.

이 원칙을 배우기 위해 부디 지금까지 생각해왔던 교육 방식과 조금 다른 시각으로 접근하겠다는 각오로 출발하자.

픽사의 영화 〈몬스터 주식회사Monsters, Inc.〉가 있다. 등장인물이 공장의 문을 열 때마다 눈 덮인 히말라야처럼 멋지고 꿈같은 세계가 화면을 채운다. 괴물들의 직장생활 바로 이면에는 탐험의 세계가 펼쳐져 있다. 지금껏 홈스쿨을 하는 수천 가구의 가족이 발견했듯이 마법에 걸린 학습은 바로 이런 류를 말하는 것이다.

자, 비디오 게임의 문을 열고 그 안으로 들어가 그리스 신화와 고대사를 찾아보자. 또는 최신 여성 패션과 패션쇼 세계의 문을 열어 '맞춤법과 어휘'라는 방으로 들어가보는 것은 어떨까?

이 대목에서 문득 "길은 또 다른 길로 이어지기 마련"이라는 로버트 프로스트Robert Frost의 시구가 떠오른다. 곰곰이 따져보면 화장실의 욕조 마개도 수학, 기술, 공학, 사업, 문학, 운송을 정교하게 적용해야 한다. 하지만 우리는 이런 놀라운 사실을 좀처럼 생각하지 않는다. 그런데 마법 같은 교육의 원칙 중에 하나는 의외의 놀라운 상호 연결성을 알아보는 일이다. 마법의 문손잡이를 찾아내서 돌려보자.

원칙 1 교과목들은 서로 연결되어 있다

세계사를 달달 암기하거나 수학 시험을 잘 본 것으로 교육의 성공을 판가름하는 것은 올바르지 못하다. 아이가 필요한 정보를 가치 있게 활용할 줄 아는 능력을 갖출 수 있게 해주어야 탄탄한 교육의 역할이다. 사실 역사, 과학, 음악, 미술, 문학, 정치이론, 외국어, 인문학, 사회과학은 매우 흥미진진한 분야다. 다만 맥락도 없이 억지로 주입시키면 흥미와 멀어진다.

교육전문가이자 영문학 교수인 윌리엄 레인스미스가 지적했듯, 아이들에게 지금 배워두면 이다음 언젠가 필요할 날이 올 것이라는 식으로 말해주고 마는 것으로는 부족하다. 당장 쓸모없는 지식은 그만큼 실생활에서 활용도가 떨어져서 아이가 잊어버리기 마련이다. 아이에게 새로운 개념을 알려줄 때마다 자문해보라. 이 개념이나 기량을 곧바로 가치 있게 써먹을 방법은 무엇일까?

어른들은 정기적으로 수학 시험을 치르지는 않지만 예금 잔고, 연말정산, 사업 운영, 제빵, 주방 리모델링 같은 일을 처리할 때 수학을 활용한다. 수학 원리는 마라톤 훈련이나 자동차 오일 교환에서도 유용하게 쓰인다. 성인 중에 상당수는 직장에서 엑셀 스프레드시트, 엔지니어링, 화학식 등의 형태로 직장에서 수학을 활용하기도 한다. 수학은 어느 정도 암기식 지도를 해야겠지만 지금의 일상생활과 관련되어 있다는 사실도 느낄 수 있게 유도해주어야 한다.

교과목들은 서로 연결돼 있다. 20세기 초의 영국 교육자 샬롯 메이슨Charlotte Mason은 교육을 일컬어 "관계의 과학Science of Relations" 이라는 말을 즐겨 했다. 모든 교과목은 학문의 전형에 속하든 실용적인 기술이나 예술적인 계열이든 이미 서로서로 의미 있게 연관성을 띠고 있다.

원칙 2 자발성과 즐거움이 공부불꽃을 유도한다

홈스쿨에서 내가 과학의 기초를 가르치자 아이들은 "화학물질을 섞어보자!"고 아우성을 쳤다. 당연히 그럴 만도 했다. 그 누가 과학을 책으로 배우고 싶어하겠는가? 생물학 학습으로 죽은 닭을 해부해서 껍질을 벗겨보고 근육과 내장을 직접 살펴보거나, 물리학 학습으로 낙하산을 만들어 2층 창문에서 던져보며 비행의 특성을 직접 관찰하는 편이 훨씬 낫다.

과연 인간이 학습을 하지 않을 때가 있을까? 사람들은 의식적으로나 무의식적으로 날마다 학습을 수행한다. 가령 세탁소에서부터 놀이공원에 이르기까지 다양한 장소에 가는 길을 익히고, 대도시의 붐비는 인파를 헤치고 다니는 요령을 익힌다. 휴대전화에 깔린 많은 앱도 쉬지 않고 익힌다. 전 세계 도처에서 어른과 아이 모두가 학습이라는 타고난 무기를 활용해서 삶의 온갖 활동을 수행한다.

아이들에게 공부불꽃을 느끼게 유도해줄 방법은 없을까? 이것은 자나 깨나 엄마가 이뤄야 할 목표다. 이 질문에 담긴 핵심은 학습이 아니라 '유도'다. '유도해주다'는 단어에는 얼핏 들어서는 잘 드러나지 않는 신념이 숨겨져 있다. 이런 질문을 하는 어른은 이렇게 묻는 셈이다.

'아이들이 행복감을 느끼게 하려면 내가 어떻게 지도해야 할까?'

매일매일 교실 안팎에서 이런 질문을 하는 어른들이 아이들을 교육시키고 있다. 아이들은 부모나 교사들에게 '재미있을 거야!'라는 말을 자주 듣는다. 정말로 수업이 재미있을지라도 이 말 자체는 다소 강압적으로 느껴진다. 재미, 애정, 즐거움은 지시하거나 요구한다고 해서 생겨나는 게 아니다. 온갖 노력에 대한 보답으로 기대할 수도 없다. 공부불꽃은 자발성과 즐거움에서부터 유발된다.

로맨스, 열정, 애착, 끌림, 기쁨 등은 학습 동기를 일으킨다.

최선을 다해서 수업 준비를 하는데도 아이들이 즐거워하지 않아서 낙담하는 교육자가 아주 많다. 하지만 문제는 썩 괜찮은 교육을 준비했다고 생각해서 우리의 의도대로 아이들이 순순히 따라주기를 바라는 데서 시작될지도 모른다. 수업을 재미있게 하려면 할수록 아이들은 더 빠르게 거부반응을 보이기도 한다. 낄낄대고, 서로서로 쿡쿡 찌르며 가만히 있지를 않아서 수업은 엉망진창이 된다. 재미에 집요하게 매달리면 오히려 수업하는 공간에서 즐거움이 고갈된다. 그러면 아이들은 본능적으로 스스로 재밋거리를 만든다. 이해하지 못할 장난을 치는 것이다!

그렇다고 뒤로 물러나 아이들 자신이 좋아하는 것을 하게 내버려두는 게 옳을까? 그러다가 기겁할 수도 있다!

'얘가 월드 오브 워크래프트를 하고 있잖아? 디즈니 영화? 무대 메이크업? 뜨개질? 스케이트보드? 인스타그램? 그럼 수학은 언제 해? 고등학교 진도와 대입 준비를 위해 배워야 할 과목은 언제 공부하려고 저래?'

이렇게 생각하게 될지도 모른다.

원칙 3 학습은 꾸준히 지속되는 자연스러운 과정이다

뇌 연구가이자 교육·학습 컨설턴트인 레나트 케인과 제프리 케인 Renate and Geoffrey Cain 부부의 다음 글은 우리에게 학습의 본질에 대해 눈뜨게 한다.

학습은 본능과 현실을 이어주는 다리다. 학습은 의식적으로나 무의식적으로나 변화하는 세상에 맞춰 적응할 수 있도록 다리 역할을 해준다. 학교 제도가 생기거나 직접교수(교사의 철저한 계획과 준비에 기초하여 수업이 진행되는 교사 중심의 교수 방법)가 착안되기 훨씬 이전부터 쭉 이어져온 과정이다. 학습은 모든 교실의 모든 아이가 하루 매 순간순간 해야 할 일들을 자연스럽게 수행하는 것이다. 교육의 가능성과 의무를 이해하려면 먼저 학습은 꾸준히 지속되는 자연스러운 과정이라는 사실부터 이해해야 한다.

케인 부부가 뇌 기반 학습의 12가지 원칙을 통해 설명한 바에 따르면 인간은 하나의 생명체이고 학습은 심리학적·생리학적 활동이다. 또한 학습은 정신적 과정일 뿐만 아니라 신체적 과정이기도 하다. 인간은 사회적 존재인 만큼 학습의 열쇠는 기계적으로 암기를 하거나 적절한 교재가 아닌 우리의 관계와 감정에 있다. 다시 말해 아이가 유대감과 행복을 느낄 때 가장 잘 배운다. 아이가 애착을 가지고 공부하게 만들려면 우선 그것이 자신에게 중요한 의미가 있음을 인지시켜야 한다.

역사적인 사건의 날짜나 영단어를 암기하는 것이 다가 아니다. 케인 부부의 설명에 따르면 학습할 때는 의식적 과정과 무의식적 과정이 동시에 일어난다. 예를 들어, 수리 과정을 이해하지는 못해도 기억술을 활용해 곱셈표를 달달 외워서 학습할 수는 있다. 하지만 이런 식으로 학습한 아이는 고난이도의 수학 문제를 마주하면 곱셈을 적용하기 위해 필요한 이해력이 부족해서 결국 수업을 제대로 따라오지 못한다.

아이들은 적절한 자극을 받고 의미와 내용에 애착을 가질 때, 복잡한 학습을 더 잘 받아들인다. 어른이 학습력이 더디다고 해서 꾸짖거나 낮은 점수를 주면 그 아이는 앞으로 그 과목에 두려움을 가지고 회피할 수도 있다.

실제로 "나는 수학이라면 질색이야" "나는 영단어에 약해"라는 식의 말을 변명으로 꺼내는 사람들이 많다. 이 사람들은 학창시절에 압박과 놀림으로 인해 학습에 대한 흥미를 잃어버린 탓이다.

공부불꽃을 갖지 못하는 아이들을 방치하고 싶은 부모는 없다. 아이들에게 무엇을 학습하게 할 것인가? 단순한 사실과 정보를 숙지하는 것 외에 의미를 끌어낼 만한 학습 활동은 무엇이 있을까? 엄마로서 어떻게 하면 아이들이 학습의 기쁨을 촉진시켜줄까?

끊임없이 이 질문들에 해답을 찾고자 노력하자.

이 과목과 인접한 또 다른 학습 영역은 무엇이 있을까? 서로 어떤 식으로 연결되어 있을까? 그 학습 영역에 불이 붙도록 내가 어떻게 도와줄 수 있을까?

이런 교과목끼리의 연관성을 찾아보면서 아이의 공부불꽃이 이미 작동 중임을 믿는다면, 어떤 식으로든 무엇이든 가르칠 수 있다.

학습에 슈퍼파워를 적용해라

엄마들이 흔히 하는 말이 있다.

"우리 아이가 배우기를 좋아하면 좋겠어요."

풀어서 말하자면, '우리 아이가 눈알 굴리지 않고 학업 진도에 잘 따라와줬으면 좋겠다'는 의미다. 아이들은 이렇게 말한다.

"놀고 싶어요!"

그러니까 '엄마가 바라는 그 일에 온라인 게임을 할 때와 같은 에너지를 쏟고 싶다'는 뜻이다.

"미적분 배우고 싶어요."

우리는 이런 말을 더 듣고 싶어 하지만 "대학에 들어가려면 미적분을 공부해야 하죠?"라는 물음을 듣는 것만으로 만족한다. 어떻게 하면 아이에게 공부하고 싶은 마음을 부여해줄 수 있을까?

아이가 지루해하는 과목을 위해 더 우수한 커리큘럼을 제시한다고 해서 이 문제가 해결되지는 않는다. 하루 온종일 인터넷 사이트 여기저기를 뒤지며 과목 커리큘럼 상품을 검색하고 싶겠지만 차라리 그럴 시간에 아이를 어떻게 학습시킬지를 고민하는 편이 낫다. 학습을 가능하게 해주는 기반은 더 좋은 프로그램이 아니라 더 좋은 체험이다.

교육개혁가 윌리엄 레인스미스가 말한 '교육적 친밀감'이 필요하다. 이것은 아이가 학습할 때 모든 과목, 기량, 주제를 친밀하게 접해주는 그런 원칙이다. 처음부터 여러 원칙을 줄줄이 늘어놓으면 실행할 엄두가 나지 않을 테지만, 걱정 마라. 나는 이것을 한 번에 한입씩 소화시킬 수 있는 쉬운 체계로 정리했다.

나는 이 원칙들을 놓고 씨름한 끝에 교육에 유용한 '슈퍼파워'를 네 개씩 묶어서 세 그룹으로 정리할 수 있었다. 매일매일 각 과목마다 이 모든 원칙을 적용하지 않아도 된다. 아이가 학습을 지루해할 때나 하기 싫어할 때 홈스쿨을 시작한 해의 1년 동안 한 달에 한 번씩, 슈퍼파워 하나씩을 골라서 적용해보자. 12가지의 슈퍼파워는 다음과 같다.

- 마법을 걸어주는 힘 4가지 : 끌림, 신비로움, 위험, 모험
- 학습을 위한 능력 4가지 : 호기심, 협력, 사색, 축하
- 공부불꽃이 시작되는 4가지 : 머리, 몸, 마음, 정신

이 책 자체에는 기발한 사례가 가득하기 때문에 일단 재미있게 읽을 수 있다. 하지만 다 읽고 나서 그걸로 끝나버리면 의미가 없다. 일주일에 하나씩 슈퍼파워들을 적용해보자. 12주 단기 집중 훈련 과정이라고 생각해도 좋겠다.

스케줄에 따라 차례차례 적용하는 것이 자신 없다면 그때그때 마음 내키는 방법을 채택해도 된다. 단, 하나씩 적용해보는 것을 원칙으로 한다. 차차 이 방법에 명백한 효과를 얻었고, 어떻게 적용하는

지 노련해지면 일주일간 2가지 이상의 슈퍼파워를 적용해도 무방하다. 하지만 그전에는 일주일에 하나씩 적용하는 것을 원칙으로 삼기를 권한다.

나는 느리게 가는 게 결국 빨리 효과를 보는 방법이라고 생각한다. 대개의 엄마들이 이 책에서 말하는 슈퍼파워가 생소할 것이다. 이 새로운 방법을 시행할 때는 한번에 하나씩 해라. 누구나 새로운 것에 익숙해지기까지 시간이 걸리고, 하나씩 해봐야 확실한 효과를 볼 수 있다.

1. 준비하기

하나의 아이템/아이디어/프로그램/원칙을 고른다. 그다음에는 고른 것을 실행할 준비물을 구입하고, 참고 자료를 복사해두고, 계획을 짜보고, 그 개념을 곰곰이 생각하고, 지침을 읽는다. '그 새로운 것'에 익숙해진다. 이때는 낮시간 중에 적절한 시간을 내라. 충분한 준비 시간을 갖는다.

2. 실행하기

실행일의 스케줄을 비워둔다. 사사로운 용무는 다음으로 미룬다. 그 한 가지의 슈퍼파워 실행에 집중하기 위해 적용이 불가한 다양한 수업들은 건너뛰어라.

3. 즐기기

현재에 충실할 시간이다. 아이 반응에 집중해본다. 아이를 지켜보며 슈퍼파워 방법에 몰입하고 있는지 살펴본다. 그동안 엄마는 내일이나 다음 주에 뭘 할지 미리 생각하면 안 된다. 그 순간과 그 순간의 아이의 반응을 즐겨라!

4. 회상하기

일주일 후에 슈퍼파워 적용 시간에 있었던 일들을 기분 좋게 회상해라.
아이와 이 시간에 대해 이야기를 나눠보자. 아이가 기억을 떠올리게 유
도해주어라. 이렇게 기억을 떠올리면 홈스쿨의 추진력이 생기고 가족의
문화도 형성된다.

홈스쿨에 한번에 하나씩의 슈퍼파워를 적용하는 원칙을 반복하
면 패턴이 형성된다. 그 뒤에 하게 될 여러 프로그램이나 실행에 날
개를 달아줄 힘을 얻을 뿐만 아니라 그 각각의 프로그램과 실행을
'하나씩' 대접해주게 된다. 아이를 괴롭히는 교육이 아닌 재미있고
다채로운 양질의 교육을 하게 만들어준다.
지금부터 슈퍼파워 하나씩을 살펴보자.

흥미 가득한 공부의 시작을 위해선
일단 두근두근하게 만들라

그 어떤 교육학 지식도 소름이 돋고 심장이 두근두근 뛰는
그런 마법 같고 신비로운 공부에 대해서는 명확히 설명해주지 못한다.

Maryellen Weimer(교육가)

 **공부 불꽃이 시작됐다!**

예전에 시어머니와 나의 다섯 아이를 데리고 가까운 곳으로 자연관찰 산책을 나간 적이 있다. 우리 가족이 아파트로 둘러싸인 주위 풍경에 별 감흥 없이 걷고 있는데 리암이 공중에서 맴도는 무당벌레를 발견했다. 무당벌레가 리암의 팔에 살며시 내려앉았다. 다른 네 아이들도 그 깜찍한 얼룩무늬 벌레를 보려고 목을 쭉 뺐다. 리암은 붉은색 반점의 등껍질 아래로, 새까맣고 얇은 날개가 삐죽 나온 무당벌레를 매우 신기해했다. 리암이 무당벌레를 날려 보내려고 했지만 녀석은 자꾸만 되돌아왔다. 그러고는 리암의 셔츠 소매 위를 기어다녔다.

조안나가 근처에서 다른 무당벌레 몇 마리를 더 발견했다. 조안나는 무당벌레가 풀을 먹는지 알고 싶어 했다. 그래서 다 같이 확인해볼 방법이 없을까 생각

했다. 확실하지는 않았지만 풀의 끝부분에 숭숭 구멍이 뚫려 있는 모습을 보고, 무당벌레가 먹어서 그렇게 된 것이려니 여겼다. 그러다가 우리 꼬맹이 다섯이 피운 소란에 관목에 있던 작은 무리의 무당벌레가 동시에 날아올랐다. 새까만 날개를 활짝 펴고 말이다. 리암은 다 날아가버리는 게 서운했는지 눈물이 그렁그렁 맺혀서는 무당벌레 무리를 바라보았다.

시어머니가 이렇게 말씀하셨다.

"아이들이 이 세상의 모든 미물을 눈여겨보게 되었구나. 이제 세상을 경이롭게 바라볼 줄 알게 되었어."

읽어주기가 공부불꽃을 당겼다

모든 교과목은 놀라운 요소로 가득하다. 아이와 함께 그 요소를 찾아내야 한다. 읽기 공부를 예로 들어보자. 엄마는 아이에게 읽기는 꼭 필요한 공부라고 알려주며, 책과 연필을 가져와서는 가르치려고만 한다. 책을 소리 내어 읽어주며 아이가 제 스스로 읽고 싶은 마음이 생기길 기대할 것이다.

아이들에게 책 읽기는 놀라운 일이다. 다만 그런 식으로 가르쳐서는 읽기를 하고 싶은 아이의 열망에 공부불꽃을 붙이지 못할 수도 있다. 어떻게 해야 아이가 읽고 싶게 만들 수 있을까? 놀라움이라는 공부불꽃을 당겨야 한다.

글로 적힌 말에는 힘이 실려 있다. 글 읽기를 유도하기 좋은 한 가지 방법은, 아이의 독자적이고 능동적인 정신생활부터 살펴보는 것이다. 아이가 기발하고 유치하고 흥미로운 생각을 말할 때 바로 메모해두어라.

나는 조안나가 네 살 때 작은 공책 여러 권을 쌓아놓았다. 조안나는 여기에 공주와 숲속의 동물들을 그리길 좋아했다. 내가 그 그림에 어떤 사연이 담겨 있냐고 물어보면, 조안나는 자신이 상상한 것을 이야기로 엮었다. 나는 매 페이지마다 조안나가 한 이야기를 간단히 적어두었다.

나는 낮잠 시간에 아이들에게 도서관에서 빌려온 책을 읽어주었다. 이때 조안나의 책도 큰 소리로 읽어주었다. 조안나는 종이에 휘갈겨 적힌 그 글 속에 자신이 했던 말이 그대로 보존되어 있다는 사실을 안 순간, 정말로 즐거워했다. 그때부터 갑자기 읽기를 교과목이 아니라 신비한 공부로 인식했다.

조안나의 작가 기질은 알파벳을 구분하기 한참 전부터 자라났다. 그 덕분에 읽기를 배우려는 흥미가 강하게 분출되었다. 글을 쓰려면 읽기부터 배워야 했기 때문이다. 다섯 살 생일 때 조안나는 당차게 말했다.

"오늘부터 읽기 할래!"

그 말을 듣기까지 꽤 오랜 시간이 걸렸지만 다행히 씨앗이 뿌려진 셈이다. 놀라움은 공부의 토대를 마련해준다. 꼭 당장 읽기를 가르치지 않아도 된다. 언젠가는 도달하게 되어 있다.

신비롭다고 느끼면 질문한다

신비로움은 공부불꽃이 더욱더 타오르게 불붙여주는 역할을 한다. 우리 집 막내 딸 캐트린은 걸음마를 막 떼었을 무렵 '의자'가 자신이 내 무릎 위에 앉아 있던 흔들의자를 가리키는 말인 줄로만 알았다. 캐트린에게 있어서 흔들리지 않는 의자와 천이나 가죽으로 만든 의자도 있다는 사실은 완전히 새로운 관점을 갖게 했다. 이 새로운 의자들을 접할 때마다 캐트린은 사람이 걸터앉을 때 쓰는 기구라는 개념을 더 잘 이해했다. 그리고 그전까지 알고 있던 의자에 대한 고정관념을 지우게 되었다.

아이들은 끊임없이 질문을 해댄다. 질문을 못하게 막을 게 아니라 진지하게 받아주어야 지속적으로 공부에 끌린다. 이처럼 공부 흥미는 막강하다. 그러니 신비롭고 경이로운 것을 찾아내서 그 경험을 더욱 확장시켜주어라. 더욱더 신비롭고 경이롭도록 말이다. 정답을 풀어주거나 알려주고 싶은 유혹은 뿌리쳐야 한다. 아이가 모르는 채로 신기해하는 상황을 즐겨야 한다.

아이에게 자극을 주고 계속해서 이런저런 변화를 주면서 신비로움을 느끼게 해줘야 한다. 학업에 활기가 없이 시들해지면 기계적으로 기량을 키우거나 그저 규칙을 따르면서 공부 고유의 매력을 잃기 쉽다.

체험은 공부 효과를 어마어마하게 키운다

어떤 주제를 더 깊이 있게 알기 위해서는 세 가지 방법이 있다. 우선 읽기다. 읽기는 배경과 지식을 파악하게 해준다. 보다 큰 그림을 보기 위해서는 경험도 필요하다. 예를 들어, 역사적 사건을 더 잘 이해하기 위해서는 박물관이나 역사 유적지에 가본다.

공부 주제가 과학이라면 실험을 해보는 것이 효과적이다. 문학 학습을 위해서는 독서 모임을 추천한다. 수학 공부에서도 퀼팅이나 게임을 해보는 것을 추천한다. 내가 직접 해보면 그만큼 이해도가 높아진다. 경험은 실질적인 이론과 지식을 갖출 수 있게 한다.

뭐니 뭐니 해도 학습력을 높이는 가장 효과적인 방법은 보기다. 예를 들어, 붉은 꼬리 매를 알고 싶을 때는 어떻게 해야 할까? 붉은 꼬리 매를 동물도감에서 읽는 것에 그치는 것과 동물원에 가서 관찰해서 아는 방식과는 완전히 다르다. 책 속의 매는 우리 마음대로 할 수 있는 2차원 이미지다. 인쇄물에 불과한 그 매는 어느 때든 눈앞에서 치울 수 있다. 동물원에 가서 보면 붉은 꼬리 매를 온전히 볼 수 있다. 쫙 펼친 날개, 울음소리, 똥 냄새를 접할 수 있다. 단, 안전하게 좀 떨어진 거리에서 관찰할 것을 잊지 말자.

만약에 뒤뜰에서 매를 본다면 어떨까? 그것은 동물원에서 볼 때와 전혀 다른 차원의 교육이 된다. 번개같이 빠른 매의 비행 속도를 보았을 때 아이는 어떤 반응을 보일까? 매가 날카로운 소리를 내며 공중으로 솟아올라 어느새 보이지 않으면? 장담하건대, 아이는 숨이 멎을 듯한 경이로움을 느끼게 될 것이다. 이런 체험을 통해 기억 속에 들어온 붉은 꼬리 매는 세세한 점들까지 평생 잊을 수 없다. 몰랐던 매의 모습을 하나하나 알고 느끼고 친밀해지는 보기 활동을 통해 그 대상에 대한 신비로움도 커진다.

체험은 신비로움의 본질로 데려다준다. 이제까지의 기량과 도구로는 헤아릴 수 없었던, 아직 몰랐던 부분까지 주목하게 한다. 예를 들어, 마다가스카르 같은 다른 나라 문화에 대한 책 읽기는 그곳과 친숙해지는 아주 좋은 방법이다. 마다가스카르와 관련된 영화를 보고 그곳 시민들의 인터뷰 내용을 들어보면 책에서 접하는 것보다 훨씬 고급스러운 수준의 경험이 더해진다. 그런데 마다가스카르 출신의 가족이 옆집으로 이사 온다면? 이전에 배웠던 모든 지식에 깊이와 미묘함이 보태진다.

태양계에 관련한 책 읽기는 해와 달, 그리고 밤하늘의 여러 행성에 대해 배우는 하나의 방법이다. 여기에서 더 나아가 경험에 깊이를 더해주고 싶다면 아이를 해설자가 있는 돔형 천장에 별과 행성의 프로젝터 영상을 보여주는 천문관에 데려가라. 망원경으로 행성을 직접 관찰하면 지상에 묶여 있는 인간에게 실질적인 우주를 체험해볼 기회가 되어 더욱 풍요로운 공부를 펼칠 수 있다.

종교 문화를 공부할 때는 과연 어떤 유형의 책 읽기를 해야 할까? 단순히 책 읽기만이 아니라 공부하고자 하는 종교의 예배 장소에 가

보거나 주일 행사에 참석해보는 경험은 차원이 다른 공부불꽃을 당긴다. 또한, 내가 믿는 종교와 다른 종교를 가진 사람들이 많은 외국에 가보는 체험은 또 다른 차원의 공부다. TV에서 스포츠 경기를 보는 것과 직접 관람하는 것, 관람을 하더라도 보기만 하는 것과 조금이라도 참여해보는 것과는 몰입도에서 차이가 난다.

읽기, 보기, 체험 이 세 가지 공부 방법은 저마다 효과적이다. 각각의 방법 모두 깊이 있는 공부를 하게 해준다. 공부의 본질 깊이 파고들게 한다.

아이가 흥미로워하던 공부를 지루해하면 "더 알아야 할 만한 게 또 무엇이 있을까?" "이 주제에 더 깊이 있게 유대되려면 무엇을 읽고 경험하고 체험하는 게 좋을까?"라고 질문하며 다음과 같은 공부불꽃 당겨주기를 해보기 바란다.

- 내가 살고 있는 동네의 문화센터 방문하기
- (가능하다면) 길 위의 학교인 로드스쿨road-school 떠나기 : 다른 도시나 나라에 가서 잠깐 혹은 2주 이상 길게 머물면서 몰입 공부에 푹 빠져본다. 휴가지를 정할 때 체험 공부를 염두에 두고 떠날 곳을 고르기를 바란다.
- 익숙한 행사와 다른 종교, 문화 행사에 참여해보기
- 전쟁이나 자연재해나 암이나 생명이 위태로웠던 사고를 겪고 살아남은 사람들을 만나 인터뷰해보기

• 새로운 것을 받아들이기 : 가족이 언어적 성향이라면 수학적 성향인 사람들과 친해져본다. 가족이 시골에 살고 있다면 대도시의 친구들을 찾는다. 자연스러운 습관은 밀어내고 새로운 습관에 흥미를 들여본다.

4장

그건 위험해!
그래도 몰두하게 하려면

"BHAGBig Hairy Audacious Goal(크고 위험하고 대담한 목표)은
그 느낌이 명확하고 기운을 북돋으며 집중도를 높인다.
사람들은 BHAG의 존재를 바로 알아차려서 설명이 거의 필요하지 않다."

Jim Collins(세계적인 경영석학·작가)

  **공부 불꽃이 시작됐다!**

나는 짐 콜린스의 《성공하는 기업들의 8가지 습관》을 읽으며 우리 집의 아이들
이 떠올랐다. 아이들이 정말로 내가 내세운 사명인 대입 교육에 관심이 없다면,
어떤 자극을 줘야 할까? 콜린스가 말하는 BHAG(비핵)의 개념에 매우 끌렸다.

그래서 아이들에게 물어보았다.

"돈은 염두에 두지 말고, 주어진 시간이 충분히 있다면 뭘 하고 싶어?"

나는 아이들의 대답을 듣고 깜짝 놀랐다. 딸 조안나는 춤을 배워서 무도회에
가고 싶다고 했다. 제인 오스틴의 《오만과 편견》에 나오는 펨벌리 저택에서 열
렸던 그런 무도회 말이다. 그 말을 듣는 순간, 처음에는 엄두가 안 나서 그냥 유
튜브 동영상을 보고 넘어가면 안 될까 하는 생각이 들었다. 물론 정말로 그럴 정

도로 분별력이 없지는 않았다. 당장 실행에 옮겼다. 그러면서 나는 부모로서 해줄 수 있는 세 가지를 배려했다.

첫 번째, 시장조사. 주 1회 수업을 여는 성인 고전 춤 무용단을 찾아냈다. 무용단은 조안나와 형제들을 수업에 반갑게 받아들여주었다.

두 번째, 돈. 경제적인 여유가 없어서 무용단에 수업료 전액을 내는 대신 다른 것을 제공해도 되는지 물어보았다. 무용단에서는 매주 월요일에 전단지를 배포해주면 주당 소액이지만 수업료를 감액해주기로 했다.

세 번째, 교통. 매주 수업이 있는 날, 여섯 식구가 함께 이동했다가 수업이 끝나면 차 문손잡이까지 닿을 만큼 가득 전단을 싣고 돌아왔다.

조안나가 춤을 배울 수 있게 우리 가족이 들인 노력은 대단했다. 우리 집 아이들 말고도 이웃에 사는 다른 아이들 3명을 더 데리고 가서 주1회 저녁 무용 수업을 받게 하고, 일부러 주1회 오후 시내가 번잡할 시간에 나가서 전단을 돌렸다. 중간중간 비는 시간에 아이들이 무용 연습을 하게 했다. 그러다 보니 시간을 꽤 들여야 해서 다른 활동, 심지어 가끔 시간이 없어서 교과목 공부까지 하지 못하기도 했다.

이러한 노력은 만족스러운 결실을 맺었다. 그해 연말에 무용단이 무도회를 개최했는데, 한 여성단원이 조안나에게 유행에 딱 맞는 드레스를 빌려주었다. 우리 가족은 무도회에 참석해 노아와 조안나가 버지니아 릴(두 사람씩 마주 보고 2열로 서서 추는 미국의 포크 댄스), 폴카, 왈츠 등의 다양한 춤을 추는 모습을 지켜보았다. 조안나의 대담한 목표가 성대한 결실을 맺어서 가족 모두 축하해줄 수 있었다.

그건 위험해! 그래도 몰두하게 하려면

공부불꽃을 당기기 위해서 때로는 크고 대담해서 위험하게까지 느껴지는 학습 활동이 필요하다. 다음과 같은 것들이다.

① 나무 타기, 담벼락 위에 올라가 걷기, 기계(재봉틀, 믹서기, 기계톱, 컴퓨터, 캠코더 등) 만지기, 혼합 음료 만들기, 힘과 근육 협응력 시험해보기 등과 같은 스포츠 활동

② 폭넓은 독서, 퍼즐 풀기, 십자말 놀이, 말장난 치기, 다른 사람들과 장소에 대해 배우기, 질문 던진 후 아이가 독자적인 답을 찾게 해주는 머리 쓰기 게임

③ 멍때리기, 누워서 뒹굴거리기, 어슬렁어슬렁 돌아다니기, 《해리 포터》같이 위안이 되어주는 시리즈 책을 13번도 넘게 읽고 또 읽기와 같은 시간 낭비

④ 새로운 친구 사귀기를 위한 팀·클럽·수업·지역 자원봉사 프로그램 등에 참여하기, 자신과 다르거나 비슷한 친구들을 두루두루 사귀어보기(온라인 친구도 진짜 친구) 등과 같은 교우관계 맺기 도전

③에 대해서는 부연 설명이 필요하겠다. 아이는 쉬는 시간을 가지면서 새로운 아이디어가 싹튼다. 여기서 말하는 시간 낭비는 지루하다는 느낌을 주지 않는다. 엄마의 눈에는 그 시간 동안 아이가 아무

것도 안 하는 것 같을 수 있다. 하지만 아이는 기분 좋게 무엇인가에 몰두하고 있다.

이런 학습 목표를 실현하기 위해서는 스릴과 위험성을 감수해야 한다. 엄마는 아이가 다치지 않도록 항상 가까이에 있어야 한다. 다정하게 지지해줄 거리만큼 가까이에 있되, 혼자서 도전한다는 의식을 가질 수 있을 만큼 떨어져 있어야 하기도 한다. 이게 참 쉽지 않은 일이다.

크고 대담한 목표가 왜 중요할까

지금, 엄마는 자신에게 이 질문을 던져보자.

① 아이가 펼치고 싶어 하는 BHAG(Big Hairy Audacious Goa, 크고 위험하고 대담한 목표)는 무엇이 있을까?
② 어떻게 해야 아이가 엄마와 공부불꽃을 당기는 진행 과정에 대해서 신뢰할 수 있게 만들까?
③ 아이에게 너를 지지한다는 표현을 어떤 식으로 해야 할까?

짐 콜린스의 《성공하는 기업들의 8가지 습관》에는 회사의 목표 달성에 동원되는 직원들이 의욕적 목표의식이 없는 직원들과 다른 점이 무엇인지 설명되어 있다. 전자의 직원들이 더욱 열심히 일하는 이유는 단지 회사의 번창을 위해서만이 아니라 개인적인 이해관계도 얽혀 있다. 즉 가치 있는 목표를 추구하고 싶은, 마음을 끄는 이상이 필요하기 때문이다.

콜린스는 케네디 대통령의 우주 프로그램의 BHAG이 미친 영향을 설명해주었다. 케네디 대통령은 우주 탐사의 중요성에 대한 사명을 장황한 글로 쓰지 않았다. 그저 NASA에 달 착륙 개발을 서두르게 했다. 이 BHAG로 인해 초점이 제시되면서 우주 프로그램의 모든 목표가 이해하기 쉽도록 명확한 하나의 표적에 맞추어졌다. 나는 이 글을 읽고 눈이 번쩍 뜨였다. 이전부터 쭉 듣고 싶어 했던 이야기였다.

아이의 BHAG을 따라주는 것은 쉽지 않은 일이다. 아이의 크고 대담해서 위험한 듯 보이는 바람을 실행하도록 돕는 것이 옳은 교육인지 판단할 수 없기 때문이다. 더군다나 엄마로서 시간, 돈, 헌신, 실행에 대한 지원을 해줘야 하는데, 그러다가 때로는 최악의 결과로 마무리되기도 한다. 사실 캐트린은 바이올린 연주에 도전했다가 실패하고 말았다. 이것이 큰 경제적 손실을 가지고 왔다.

그랬어도 나는 아이의 공부불꽃을 당기는 데 있어서 돈이 든다는 생각부터 하지는 않았다. 물론 감당하기 힘들 만큼 꽤 큰돈이 들 것 같다는 생각이 들면 가족끼리 아이디어를 내서 아이가 꿈을 펼칠 묘안을 모았다. 아이의 공부불꽃을 당기는 과정을 가족 모두 함께 치르며 우리는 한계를 직시하기도 했다. 그럼에도 불구하고 아이들과 함께 크고 대담하고 멋진 공부를 상상하는 것을 이어나갔다.

크고 대담한 생각은 엄마와 아이가 용기를 내서 꿈꾸도록 자극한다. 노아는 셰익스피어에 끌리는 자신의 열정을 잘 살려서 10대들이 활동하는 극단에서 수년 동안 연기를 했다. 만약에 내가 터무니없는 환상을 이야기한다고 등한시하며 집안일을 다 마친 후에 에너지가 남으면 그제야 관심을 가지는 엄마였다면 노아의 공부불꽃을 당길 수 없었을지도 모른다.

기꺼이 위험한 생각을 하게 둬라

아이의 공부불꽃을 당기기 위해 대담하고 용기 있는 활동뿐만 아니라 위험한 생각을 하게 내버려둘 필요가 있다. 위험한 생각은 새로운 통찰이 보글보글 솟아오르고, 서로 충돌하는 여러 가지 개념을 받아들이게 한다.

10대들은 해가 갈수록 선택 가능한 다양성을 다채롭게 인지한다. 예를 들어, 꼬마였을 때는 미처 생각하지 못했던 식사하는 방식에 대해 어느 순간 자문한다. '꼭 이렇게 식탁에 앉아서만 먹어야 할까?' 그러면서 TV 앞에서, 게임을 하면서, 미처 다 하지 못한 학교 숙제를 하면서 바르지 못한 태도로 식사를 한다. 처음에는 이런 아이를 보면서 엄마는 위험한 생각이 해로운 행동을 하게 만들었다고 여길 것이다. 하지만 아이는 자신의 식사법을 통해 가족, 이웃, 외국인, 환자들이 어떻게 밥을 먹는지 생각을 뻗어나가기에 이른다. 사람들이 하는 온갖 행동에서 나타나는 다양성을 인지하고 차이점이 있다는 사실을 발견할 것이다. 위험한 생각은 이런 차이를 받아들이게 한다.

위험한 생각을 하는 아이를 다르게 바라보자. 엄마는 아이의 앞날이 맑게 개어서 무지갯빛이기를 바란다. 하지만 아이는 언젠가 가족의 안전한 보호막에서 독립해야 할 날이 반드시 온다. 엄마는 위험한 생각을 하는 아이를 이전과 다른 시각으로 바라보는 용기부터 가져야 한다.

아이는 엄마가 비록 자신이 위험한 생각을 할지라도 받아들여줄 준비가 돼 있다는 믿음이 있어야 욕구를 털어놓는다. 아이가 원하는 것을 얻을 수 있도록 최대한 챙겨주고 난 다음에는 손을 떼고 물러나서 지켜봐라. 아이 스스로 알아서 잘 해나갈 것이라고 믿어줘라.

엄마의 믿음은 마법을 일으킨다

인기 블로그 '뉴욕의 사람들Humans of New York'을 운영하는 사진작가 브랜든 스탠튼이 뉴욕시 센트럴 파크에서 만난 한 어머니와 여섯 살

아들인 루미의 이야기를 공유한 적이 있다. 이 남자아이는 말을 사기 위한 돈을 모으기 위해 담요를 깔고 앉아 장난감을 팔고 있었다. 물론 아이의 엄마는 현실을 잘 알았다. 맨해튼 중심가의 아파트에 살고 있어서 말을 가질 여건이 안 되고, 장난감을 팔아봐야 말을 살 만한 돈은 모으지 못할 게 빤하다는 것을 알면서도 어쨌든 아들의 꿈을 응원해주었던 것이다. 그날 루미는 1달러를 벌었다.

브랜든은 우연히 이 모자를 만났다가 그들의 사진을 찍어서 자신의 웹사이트에 사연을 올렸다. 이 사연을 읽은 브랜든의 팔로워들은 크게 감동해서 루미를 위해 뭔가 해주고 싶어 했다. 브랜든은 이 가족이 관광 목장에서 일주일간 휴가를 보내고 오게 해주려고 클라우드펀딩 계정을 열었다. 그러자 3만 2,000달러가 넘는 기부금이 모였다. 이 돈은 휴가비로 쓰고도 남아서 2만 달러가 넘는 금액을 뉴욕 재활승마센터에 기부할 수 있었다.

이 모든 일이 가능했던 것은 아들이 좋은 의도에서 벌인 모금 활동이 어떤 결과로 이어질지 장담할 수 없었지만 믿고 지지해주며 지켜봐준 엄마 덕분이었다. 엄마의 아이에 대한 믿음이 도움의 손길을 받아서 꿈을 실현시켜주었다. 마법이 일어난 것이다.

이보다 더 소소한 차원에서도 아이의 꿈에 관심을 기울여줄 때 엄마가 간과했을 만한 자원이 나타난다. 딸이 피아노 레슨을 받고 싶다고 한 바로 그날 지인이 피아노를 처분하고 싶어 한다든지, 마침 아이의 생일이 얼마 남지 않아서 특별한 선물을 주고 싶을 때 친척들이 어떻게 알고 돈을 모아줄 수도 있다. 아니면 이웃 사람이 자신의 정원에서 채소를 키워보게 땅을 조금 빌려준 덕분에 아이에게 퇴비 주는 방법을 가르쳐줄 수도 있다.

5장

공부불꽃을 당겨주는
엄마 선생님이 되는 법

인생은 대단한 모험이 되지 않으면,
아무것도 아닌 채로 끝난다.

Helen Adams Keller(교사·저술가·사회복지사)

공부 불꽃이 시작됐다!

나는 아이들과 이곳저곳 탐험하기를 즐긴다. 공부하고 싶은 과목을 부각시켜줄
만한 다양한 장소를 골라서 현장학습 일정을 세운다. 당연히 현장학습 장소는
아주 재미있는 곳 위주다. 미국의 서부개척 운동을 공부했을 때 디즈니랜드로
현장학습을 나가서 개척시대의 주제를 담고 있는 '개척의 나라Frontier Land'에
서 놀았다. 그렇게 쿤스킨 캡(너구리 꼬리가 달린 털모자), 머스킷총, 데이비 크로
켓Davy Crockett(미국의 서부 개척자이자 정치가) 이야기, 애니메이션 〈포카혼타스
Pocahontas〉의 OST '바람의 빛깔Colors of the Wind' 뮤직비디오 반복 영상을 흥
미롭게 접하며 글로만 읽었던 지식에 생기를 불어넣었다.

　나에게 아이들과 다녀온 곳 중에서 최고의 유적지를 꼽으라면 영하 8도의 혹한에도 불구하고 오하이오주 남서부의 지하철도 조직(남북 전쟁 전의 노예의 탈출을 도운 비밀 조직)이었다. 자동차를 타고 오하이오 강을 따라 달리고, 보트 관람을 하고, 노예 가족들이 엄동설한에 강을 건너는 혹독한 탈출을 감행한 후 피난처로 삼으며 기력을 회복했던 리플리Ripley의 존 랜킨 저택John Rankin House에서 켄터키주를 건너다보며 가슴 뭉클해하기도 했다. 겨울의 그 얼얼한 한기를 피부로 직접 느껴보니 강을 건너는 일이 얼마나 위험한 일이었을지 더욱더 절절히 상상되었다.

우리는 그전에 해리엇 터브먼Harriet Tubman(미국 흑인운동가로 수백 명의 흑인 노예 탈출을 도와 '검은 모세'라고 불린 여성)의 생애에 대해 읽었고 노예제 폐지 운동에 대한 다큐멘터리도 보았다. 그런데 사람들이 처음으로 자유를 얻은 순간에 밟았던 그 땅에 서는 일은 전혀 다른 느낌이었다. 넓고 세찬 강물을 건너다보며 그런 오하이오강을 헤치고 무사히 건너왔다니 대단하다는 생각이 들었다.

나와 아이들은 오렌지카운티에 있는 리틀 사이공에 당일치기 여행을 갔다가 생생한 베트남 공부를 하게 되었다. 그곳에서 베트남인 화가를 만났는데, 남베트남이 함락되었을 때 미국으로 도피하는 길에 배가 뒤집혀서 처자식을 잃은 사람이었다. 가게들이 한 줄로 쭉 늘어선 곳 식료품점과 제과점 사이에 끼어 있는 남자의 작은 작업실에서 우리는 전쟁 전의 베트남을 그린 멋진 그림들을 볼 수 있었다. 부끄럽지만 남자의 작업실에 들어가 보기 전까지 우리는 베트남 하면 전쟁으로 인해 피폐한 흑백 사진과 네이팜탄 같은 이미지만 떠올렸다. 전쟁이 일어나기 전까지 베트남이 아주 아름다운 곳이었다는 생각은 해본 적이 없었다. 그날이 베트남 남자를 만난 모험을 계기로 나와 아이들의 관점은 완전히 바뀌어서 베트남에 대한 편협한 시각을 벗어버릴 수 있었다.

밖으로 나가기가 여의치 않을 때는 현장학습 활동을 집 안으로 끌어들였다. 이를테면 로라 잉걸스 와일더Laura Ingalls Wilder의 《초원의 집 1: 큰 숲 속의 작은 집Little House in the Big Woods》을 보면서 눈밭에서 메이플 사탕을 만들어보았다. 우리는 이유식 병에 버터를 걸쭉한 크림과 섞어 넣고 대리석 조각으로 휘저어 보기도 했다. 우리 가족은 초를 직접 만들어서 저녁에 그 초에 불을 붙여놓고 책을 읽은 적도 있다. 가능한 한 자주 집 안을 학습 모험의 무대로 삼았다.

학습 모험은 적극적인 여행이다

공부불꽃을 당겨주는 네 번째 힘은 모험심이다. 정글짐 타기에서부터 자일을 걸고 실내 암벽등반하기와 협곡의 야외 암벽 등반에 이르기까지 모험에는 여러 단계의 난이도가 있다. 모험은 한마디로 표현하자면 '적극적인 여행'이다. 여기서 말하는 학습 모험은 꼭 목숨을 걸고 신체의 해를 무릅써야 할 수 있는 것은 아니다.

아이가 과제를 해서 내는 것이 별 효과가 없다고 느껴지면 모험심을 발휘하는 다른 학습을 찾아볼 때다. 예술 학교 보내기, 스쿠버 다이빙 자격증 취득, 무술, 그래픽 디자인, 사진, 도예, 엑셀, 인명구조 등의 학습 모험을 고려해봐라. 대입 준비나 교과목 진도를 잘 따라가는 것만이 바른 교육이라고 할 수는 없다.

아이는 때때로 집을 떠나서도 잘 지내는 학습을 해야 한다. 이는 엄마가 챙겨줘야 할 또 하나의 모험심 키우기 방법이다. 할머니 집에서 하룻밤을 자고 돌아오기는 그런 종류의 학습 모험심의 첫발을 떼기에 아주 좋은 방법이다. 친구 집에서 외박하기, 보이·걸 스카우트 캠프, 그 외의 로봇공학, 우주, 바이올린, 발레, 외국어 등의 분야에서 주최하는 다양한 캠프에 참여하기는 아이의 자립성을 기르는 데 큰 도움을 준다.

세상을 공부 무대로 삼아라

아이가 집 밖에서 공부하게 두는 일은 도무지 불안해서 허락할 수 없는가. 사고라도 날까봐 걱정돼서 단 하룻밤도 아이를 집 밖에서 지내게 하기가 두려운가. 당연하다. 아이의 안전을 위해 단계를 적절히 맞춰야 한다. 그다음에는 아이가 스스로 잘 겪어낼 것이라고 믿어줘라. 아주 어린아이들을 집 밖에서 공부하게 할 필요는 없다.

언젠가 우리 지역의 홈스쿨 모임에서 연례 캠프를 마련한 적이 있었다. 100명도 넘는 아이들이 참석했다. 부모들이 지도교사를 맡긴 했지만 새로운 환경을 헤쳐 나가면서 모두 활력을 얻었다.

스포츠 캠프, 토너먼트 대회, 개발도상국이나 자연재해 피해지역으로의 봉사 활동을 떠났다. 이 모든 활동이 홈스쿨을 받는 아이들에게 소중한 경험이 되었다. 제이콥은 앨라배마주에서 열린 나사 NASA, National Aeronautics and Space Administration(미국항공우주국)의 우주 캠프에 참석했고, 노아와 조안나는 우리 가족이 사는 신시내티에서 진행된 셰익스피어 캠프에 다녀왔다. 캐트린은 고등학교에서 열리는 기수단 캠프에 참석하기를 좋아했다.

학습 모험을 위해 가족 여행도 고려할 필요가 있다. 우리 가족은 이탈리아로 일생일대의 여행을 다녀왔다. 4년 동안 여행 경비를 모았어야 했다. 해외여행은 누구에게나 인생을 전환시켜줄 만한 학습 모험이 된다.

아이가 한계에 부딪쳐 엄마가 아무리 애써도 학습 의욕을 보이지 않는다면, "아이가 집을 떠나 다른 곳에서 지내볼 필요가 있지 않을까?" "아이가 새로운 자극을 얻으려면 어디를 다녀오는 게 좋을까?" "아이가 혼자서도 할 수 있는 학습 모험은 무엇일까?"를 생각해봐라. 그리고 아이가 학습 모험을 할 수 있는 최적의 장소를 찾아보기 바란다.

집에서 학습 모험을 실현한다

공부불꽃을 당기는 데 활용하는 위험한 생각과 모험의 결정적인 차이는 위험한 생각이 아이디어를 적용 대상으로 삼는 반면 모험은 장소와 관련되어 있다는 점이다. 그 장소는 무한대다. 그런데 나는 공부불꽃을 당기는 최적의 학습 모험 장소로 집을 꼽는다. 그래서 나는 홈스쿨을 실천했다.

엄마가 '내가 직접 아이를 가르쳐보겠다!'라는 시도를 하는 것 자체가 무모할 수 있다. 하지만 "이대로는 안 되겠어!" 싶어서 홈스쿨을 하기로 결정했다면 '교사나 학교보다 내가 더 잘 가르칠 거야'라는 자신감을 가져야 한다. 물론 홈스쿨은 아이를 위태롭게 만들 수도 있다. 아이가 학교에서 행하는 보편적인 교육의 흐름을 따라가지 못할 수 있기 때문이다. 홈스쿨 교사가 된 엄마는 아이가 수학 진도를 끝내지 않으려고 할 때 살짝 짜증이 치밀 수도 있다. 이럴 때 자신은 아이를 통제할 능력이 없음을 절실히 느끼기도 할 것이다. 어떻게 하면 아이의 머릿속에 들어가서 공부불꽃을 당길 수 있을까? 꼬리에 꼬리를 무는 고민과 자책감이 이어지겠지만 용기를 내서 계속 헤쳐 나가보자. 더 나은 홈스쿨을 위해 뜨겁게 몰입해보자.

그러면 반드시 보상이 따를 것이다. 아이들은 태생적으로 거의 비슷하다. 자신을 자극해줄 '위험'을 필요로 한다. 홈스쿨을 위험에 빗대는 것이 어울릴지 모르겠으나 지금까지 줄곧 친숙하게 지내던 엄마가 교사가 된다는 것 자체가 엄청난 모험이니 위험이라는 표현이 적절하지 않을까.

지금까지 엄마는 아이의 곁에서 친숙한 보통의 얼굴로 하루하루를 보냈다. 앞으로는 홈스쿨 교사를 자처한 이상, 홈스쿨을 아주 잘 해내고 있는지 천천히 생각해볼 필요가 있다.

누구에겐가 뭔가 제대로 했다는 것을 보여줄 필요 없고 많은 사람에게 홈스쿨을 잘해내고 있다고 증명하지 않아도 되지만 얼마만큼 아이를 변화시키고 싶은지 목표를 세우는 것은 필수다.

아이 마음에 공부불꽃을 당겨주는 엄마 선생님

홈스쿨을 하면서 엄마는 아이를 지도하는 곳은 학교가 아니라 집이라는 점을 명심하자. 어떻게든 아이가 학습하길 바라서 딱딱하고 훈계하는 교사 같은 양육 스타일을 고수하기 쉬운데, 이는 자칫 아이에게 좋지 않은 영향을 미친다. 홈스쿨에서 엄마는 학습 점검자가 아니다. 엄마이면서 교사요, 교사이자 엄마라는 명확한 존재감을 갖는 것이 가장 중요하다. 그러므로 아이가 '우리 엄마는 때때로 선생님이 된다'라고 자연스럽게 인정하게 해라. 어떻게 하면 될까?

의외의 모습을 보여줘라. 엉뚱하고 자상하게 이것저것 꼬치꼬치 캐묻고 아이같이 굴어라. 그러면서도 적극적인 학습자의 면모를 갖추고 있어야 한다. 다음과 같은 방법을 추천한다.

- 아침을 먹으며 소리 내어 책 읽기

- 학습할 시대의 복장을 갖춰 입고 역사 수업하기

- 모르는 내용이 나오면 아이 앞에서 바로 인정하고 배워서 이야기해주기

- 아이 옆에서 아이와 똑같은 과제하기

- 아이와 같이 비디오 게임을 하거나 만화 보기

- 그날 할 가장 어려운 과목은 건너뛰기

- 수학 수업 중에 브라우니를 구워서 먹기

- 스케줄을 접고 오전 내내 아이와 게임하기

- 커피 전문점이나 도서관, 공원으로 나가서 야외 수업하기

- 답답해하는 아이의 마음을 공감해주기

- 공부 방식을 다양하게 바꿔보기 : 클레이(아이들이 모형이나 인형 등을 만드는 데 쓰는 다양한 색깔의 점토)로 문자를 만들며 발음을 공부한다. 진짜 돈으로 덧셈과 뺄셈을 공부한다. 공부하기 전에 온라인 게임을 한다.

- 예상하지 못한 격려를 해주기 : 게임 중인 아이에게 간식을 가져다준다. 아이가 만들기를 하느라 어지럽힌 데를 치워준다. 문제를 푸느라 쩔쩔매는 아이 곁에 앉아 있어 준다.

- 예상하지 못한 자율성을 준다. : 아이가 혼자 공부하거나, 새로운 도구를 써보거나, 엄마와 다른 견해를 갖거나, 직감을 따르거나, 어떤 과제를 원하는 만큼 오래 붙잡고 하도록 내버려둔다.

솔직하게 약점을 노출하고, 유치하고, 자유롭고, 개방적이고, 자상하고 창의적이면서 때로는 조금 엉뚱한 모습을 보여주며 아이를 놀랍게 하는 엄마 선생님이 돼라. 그러면 아이의 마음에 공부불꽃을 당겨줄 수 있을 것이다.

제 2 부

공부불꽃을 당기는 덴
이게 최고

6장
공부불꽃 이후엔
4가지 영양분으로 움튼다

뇌는 경험한 일과 그것이 가진 의미를
서로 연결 지으면서 학습을 반복한다.

Renate and Geoffrey Caine(뇌 분야 전문가·교육가)

 **공부불꽃을 당겼다!**

어느 날 제이콥이 다부지게 말했다.

"나사의 우주 캠프에 가고 싶어요."

참가비가 무려 850달러였다. 그때 우리 가족에게는 그만 한 돈이 없었다. 그래서 처음에는 아들의 열의를 사그라뜨리려고 했다.

"우주 캠프라니 정말 멋지겠다! 그런데 참가비가 너무 비싸서 아쉽네."

그때 남편은 나의 현실적인 판단에 아랑곳없이 이렇게 말했다.

"그런데 말이야, 제이콥. 네 힘으로 참가비를 낼 수도 있어. 쿠키를 팔아보면 어떨까? 매주 갓 구운 따끈따끈한 초코칩 쿠키를 만들어 동네에 돌아다니며 팔면 돈을 제법 벌 거야."

나는 남의 아이가 우주 캠프에 참가하려는 목표를 기특히 여겨 선뜻 쿠키를 사줄 사람이 얼마나 될까 싶었지만 아무 말 하지 않았다. 제이콥의 표정이 환해졌다. 제이콥은 아빠와 함께 협력해서 쿠키를 팔 계획을 세워나가면서 2년 동안 월 얼마씩을 벌어야 할지 따져봤다. 광고 멘트를 글로 정리한 다음 호소력 있게 술술 말할 수 있을 때까지 연습하기도 했다. 그러다가 어느 날, 드디어 제이콥은 맛보기용 쿠키를 구웠다.

이튿날, 아빠의 도움을 받아서 주문 처리용 스프레드시트를 작성하더니, 같이 나가 집집마다 돌았다. 집에 돌아왔을 때는, 오 세상에! 주문을 아주 많이 받아왔다!

제이콥은 그 이후로 일요일 저녁마다 쿠키를 구워서 배달했다. 그렇게 2년 동안 했는데, 매주 주문이 끊이지 않고 이어졌다. 제이콥은 정식으로 시의 허가를 받아서 월마트와 크로거 매장 앞에서 쿠키를 팔기도 했다. 그때마다 100달러를 넘게 벌었다.

2년 후, 제이콥은 우주 캠프에 참가할 돈 850달러를 마련했다. 제이콥이 지속적으로 노력했기에 가능한 일이었다.

제이콥은 열두 살이라는 나이에 비행기를 타고 집을 떠나 일주일 동안 난생처음으로 낯선 도시에서 가족 없이 우주 캠프를 하고 왔다. 정말 축하해줄 일이었다. 이 모두가 나의 남편이자 제이콥의 아빠인 존이 공부불꽃을 제대로 당겨준 덕분이었다.

이후로도 제이콥은 멈추지 않고 쿠키를 구었고, 때때로 팔았다. 대개 마음속에 공부불꽃이 일어났는데 재정적으로 감당이 안 될 때 이런 기지를 발휘했다. 나는 제이콥 뿐만 아니라 모든 아이에게 이와 같은 공부불꽃 당기기의 열망이 열려 있다고 생각한다.

공부 흥미 다음에는 4가지 영양분

놀라움, 신비로움, 위험한 생각, 모험심이 공부 흥미를 일으켜준다면 호기심, 협력, 사색, 축하는 비타민 C와 같은 역할을 한다. 이 4가지 능력은 흥미를 지속시키는 영양분이다.

호기심은 의문을 갖는 능력이다. 처음에 아이가 놀라움으로 인해 흥미가 생기면, 곧바로 호기심이 싹튼다. 그러면 호기심이 생기게 한 대상을 형제나 친구와 공유하거나, 그 주제와 관련한 자료를 더 찾아 읽어보기도 한다.

하지만 새롭게 알게 된 대상이나 방법이 아이에게 너무 어렵거나 쓸데없다고 느껴지면 호기심은 금세 약해진다. 그럴 때면 나는 아이들에게 새로운 보드게임을 제안한다. 그런데 얼마 지나지 않아서 아이들은 게임이 지루할 것 같다고 투덜댄다. 나는 매우 당황해하며 신경질적으로 이렇게 면박을 준다.

"게임을 제대로 해보지도 않았잖아! 한번 해봐!"

훈계해봐야 소용없다. 아이들은 공부 흥미를 떨어뜨리는 장애물에 부딪쳤고 호기심만으로는 극복할 수 없었던 것이니까. 공부 흥미가 생기지 않으니까 포기하고 만 셈이다. 지루해서 못 하겠어요"라고.

바로 이때가 두 번째 능력인 협력이 나설 타이밍이다. 협동은 홈스쿨과 관련된 주된 오해 즉, 자기주도 학습에 대한 믿음을 허물어뜨려준다. 아이들은 홈스쿨을 함께할 동행자가 있을 때 더욱 힘이 생긴다. 안간힘을 쓰다가 실패하는 것과 기분 좋게 노력해서 성공하는 것은 다르다. 부모로서 우리가 해줄 일은 후자의 기분과 성과를 갖게 해주는 일이다. 어떻게 해야 아이가 진전을 이루고, 문제를 해결하고, 장애물을 넘어설 수 있을지 챙겨줘야 한다. 바로 문제 해결의 파트너가 되는 것이다. 부모가 협력해주면 아이는 쉽게 배운다.

세 번째 능력인 사색은 주의력을 지속시키는 능력이다. 해 질 녘에 바다를 바라보며 가부좌를 틀고 앉아서 하는 그런 사색을 말하는 게 아니다. 여기에서 말하는 사색은 지칠 줄 모르는 학습을 할 줄 아는 능력이다. 뇌 분야 연구자인 레나트와 제프리 케인 부부는 이런 학습 상태를 '편안한 각성상태relaxed alertness'라고 일컫는다. 편안한 각성상태에서는 아이가 뜨개질 프로젝트를 위해 엉킨 털실을 끈기 있게 풀거나, 어쩌다 잘못 건드려서 넘어져버린 도미노를 다시 조심조심 세우거나, 농구 골대에 35번 연속으로 공을 넣을 때까지 슈팅을 계속하는 모습을 보인다. 이 모두는 사색이 작동해서 원하는 목표를 이루기 위해 꾸준히 노력하게 되는 사례다.

마지막으로 네 번째 능력인 축하는 자신의 성취감을 아는 능력이다. 엄마는 보통 아이가 어느 정도 실력을 익히면 바로 얼른 다음 단계로 진도를 나가라고 재촉한다. "이제 구구단을 뗐으니까 분수에 적용해보자"와 같은 식으로 말이다. 하지만 잠시 시간을 가지고 첫 성취를 기념하는 것도 맛있게 학습하기 위해 꼭 필요한 태도다.

다행히 축하는 우리의 일상에서 자연스러운 일이니 어렵게 느껴지지 않을 것이다. 우리는 팀 동료가 골을 넣으면 성원을 보내준다. 막 걸음마를 뗀 아이가 "엄마"라고 말하면 감격해서 웃음을 터뜨리며 육아수첩에 그 순간을 적어놓기도 한다. 아이가 구구단을 다 외우면 뭘 해주는 게 좋을까요? 여기저기 알리나요? 아니면 하이파이브? 저녁을 먹을 때 식탁 위로 '우리 아이가 7단과 8단을 외웠어요' 같은 글귀를 새긴 현수막을 치는 건 어떨까? 성취를 기념해줄 뜻깊은 방법을 생각해보자. 축하는 보상이 아니다.

이 4가지 능력은 서로 어우러지면 아이의 공부 흥미를 지속시키는 데 큰 도움을 준다. 아이가 재미있게 학습 성취를 누리며 살아가길 바라는 엄마의 바람대로 될 수 있다. 공부불꽃을 당겼다면 이제는 학습 여정에 이 4가지의 영양분을 뿌려주어야 한다.

일상의 호기심이 즐거운 학습이 된다

학습 열정은 호기심에서 시작된다. 호기심은 홍수처럼 밀려와 다른 모든 활동을 뒤집어놓기도 하는 엄청난 감정이다.

아이에게 호기심이 다가온 듯 보이면 다음과 같이 행동해보게 멍석을 깔아주자.

온라인 검색, 인스타그램 훑어보기, 같이 있는 사람에게 신경도 못 쓸 만큼 생각에 빠지기, 작동 방식을 알아보기 위해 호기심의 대상을 시험 삼아 써보기, 도서관에 가서 여러 책 훑어보기, 물어보기, 답을 추론하기, 생각이 맞는지 확인해보기, 친구나 전문가나 어머니 등 다른 사람 말에 끼어들기, 차에 우유를 넣고 저으며 사색에 잠기기, 관심 있는 분야의 활동가나 그 분야를 즐기거나 설명해주는 사람이 올린 유튜브 보기, 내 재능이나 기량 그리고 통찰력이 부족한 것에 대해 실망하기, 온갖 선택 가능한 것들에 흥분하기, 달리기를 하면서 계속 생각해보기, 그것이 세상 사람 누구나 다 관심을 가지는 보편적인 주제라는 사실에 주목하기.

호기심이 많은 아이는 다음과 같이 행동할 가능성이 다분하다.

하던 일을 전부 그만두고 새로운 것에 달려든다. 끼니때도 잊은 채 어떤 활동에 더 열심히 매달린다. 끊임없이 '왜'냐고 묻는다. 이 책 저 책 넘겨보거나 웹 페이지를 훑어본다. 자기 나름대로의 이론을 만들어 설명한다. 새로운 목적을 위해 물건을 잘못된 용도로 사용한다. 만지고 기어오르고 이리저리 살펴보고 조작해보고 힘을 줘보고 맛본다. 던지고 치고 두드리고 떨어뜨리고 부순다. 게임의 규칙을 깬다. 엄마를 귀찮게 들볶는다. 엄마에게 해보라거나 와서 봐보라고 조른다.

다음과 같이 일상적인 호기심을 떠올려보자.

'배가 고프네. 먹을 게 뭐가 있지?'

이 호기심은 주방 여기저기를 둘러보게 만든다. 냉장고를 뒤져보니 조리가 필요한 요리 재료도 있고 바로 꺼내 먹을 수 있는 음식도 있다. 또 매운맛, 담백한 맛, 즙이 많거나 퍽퍽한 음식도 있다.

이번에는 머릿속에서 질문을 좀 더 가다듬어보자.

'이 중에서 내가 먹고 싶은 음식은 뭘까?'

여기에 답하려면 이것저것 따져보며 가장 맛있는 음식이 뭘지, 뭘 먹어야 허기가 채워질지, 어떻게 먹어야 할지 등을 생각해보아야 한다. 음식이 든 상자를 흔들어보고, 상자를 열어서 냄새를 맡아보고, 영양 성분표를 읽어보고, 맛이 어떨지 그려보고 나서 결정해야 한다. 바로 먹을 수 있는 음식은 한입 베어서 맛도 봐보며 '이게 좋을까?'를 생각해야 한다.

수학도 이런 식으로 접근한다면 어떨까? 대상은 불분명하지만 점점 허기가 느껴질 때 메뉴를 보듯 골라보는 식으로 해보자. 엄마는 아이에게 이렇게 말해주는 것이다.

"흥미가 생기는 그림이 나올 때까지 이 수학책을 쭉 넘겨봐."

이때 아이가 책의 정중앙 부분에 있는 단원을 고른다면 굉장한 성과이지 않을까? 아이의 호기심을 끈 그 수학 개념이 다른 모든 범위와 연관 학습을 하기 위한 핵심 내용일 수도 있으니까 말이다.

허기를 채워줄 적절한 식사나 간식을 찾는 식으로 교육을 다루면 아이들은 더 자유롭게 호기심을 느끼면서 단순히 오늘 해야 할 공부 범위를 마치기보다 어떻게 학습하는 게 만족스러운지 스스로 밝혀낼 것이다. 끊임없이 해대는 엉뚱한 질문을 무시하고 흘려들으며 호기심의 흐름을 차단한다면 학습의 수도꼭지를 잠그는 격이다. 그렇게 되면 아이와 함께 즐겁게 학습하기보다 힘들고 고단하게 아이를 교육시키는 데에 기대야 할 것이다.

호기심은 질문을 유발한다

우리는 어느 순간부터 식상함에 빠진다. 실내 화장실, 자동차, 에어컨 등 현대사회가 이루어낸 기적들을 보고서도, 그것들이 얼마나 대단한 발명품인지 생각해보지 않은 채 살고 있다. 호기심으로 이루어낸 모든 것은 우리 삶의 당연한 일상적 배경이 되고 말았다.

우리는 주입된 고정관념에 따라, 교과목을 천지만물의 참의미를 찾아가는 흥미진진한 여행이 아니라 아이들이 공부해야 할 시기가 되었으니 해야 할 것으로 여기고는 한다. 나는 이런 질문을 하지 않을 수 없다.

'나조차도 가르치는 내용이 너무 지루해서 끈기 있게 읽기가 힘든데 이런 커리큘럼을 왜 써야 하지?'

교육전문가 아서 코스타Arthur Costa는 학생들이 학습의 주된 탐구대상으로 여기는 것은 진실 알기라며 다음과 같이 말했다.

"학생들은 의문성보다는 확실성, 질문하기보다는 대답하기, 대안의 탐색보다는 올바른 선택 구분하기를 중시하도록 배운다."

어떤 과목에 흥미를 불붙여줄 하나의 방법은 질문하기다. 그러니까 정답을 알고 싶은 유혹을 뿌리치고 질문을 던져야 한다. 과학을 그저 머리로 푸는 문제로만 여긴다면 당신은 과학적인 방법을 이해하지 못하고 있는 것이다. 과학에 아주 과감한 질문을 던져봐라. 도발적으로 질문과 탐색을 벌여보면 놀라운 사실을 발견할 수 있다.

아이들이 질문하기를 할 수 있도록 해주자. 흥미 유발 면에서도 질문이 정답을 찾는 것보다 훨씬 도움이 될 것이다. 호기심이 만들어낸 질문을 가족끼리 토론하며 더욱 수월하게 정답을 찾아나가는 경험을 할 수 있다.

질문 벽 만들기

1. 질문을 적는 전용 공간을 정해둔다. 비어 있는 벽이 가장 좋지만 유리 미닫이문이나 화이트보드, 전신 거울도 유용하다.

2. 그다음에는 색색의 접착 메모지(다양한 크기와 모양으로, 줄이 그어져 있는 것과 줄이 없는 것 모두), 필기도구(색연필, 펜, 수성 마커펜, 유리용 윈도우 마커 등)를 바구니나 운동화 박스에 넣어 벽 근처에 놓아두기.

3. 일주일 동안 누구든 질문거리나 생각 등을 모두 다 그 벽에 적어놓는다. 질문은 '조시아가 파란색 칫솔을 고른 이유는 뭘까?' 같이 일상적 이야기도 좋고 '블랙홀은 왜 생길까?'나 '아침 먹을 때 콜라를 마셔도 괜찮을까?' 같은 호기심을 적어도 괜찮다. 질문에는 제한이 없다.

4. 일주일 동안에는 꼭 필요한 경우가 아니라면 질문에 답을 해주고 싶어도 꾹 참는다. 자주 질문들을 읽다보면 의욕이 생긴다. 메모지에 적힌

질문들을 보다가 새롭게 떠오른 질문을 적어보는 것도 이 질문 벽이
선사해주는 특별한 즐거움이다.

5. 주말이 되면 식사를 하면서 서로 돌아가며 벽에서 질문 메모지를 떼어
오는 시간을 가진다. 가져온 질문 메모지를 읽으면서 서로 칭찬해준
다. 토론은 선택사항이다. 하다보면 필연적으로 토론을 하게 될 것이
다. 토론 시, 대답은 하지 않더라도 자연스럽게 정답이 나올 수도 있다.

집에서 엉뚱한 호기심 자극하기

집에서도 충분히 아이의 어디로 튈지 모르는 호기심을 자극할 수 있
다. 다음 단계대로 따라 해보자. 가끔씩은 무작위로 이 중에 하나를
채택해서 엄마와 아이가 평소의 습관과 다른 체험을 해봐도 좋다.

- 아이가 좋아하는 물건을 여기저기 놓아두기
- 아이와 함께 탐색하기 : 그 물건을 같이 찾아본다, 책이라면 휙휙 넘겨
  본다. 뒤집어서 본다. 만져본다.
- 원래의 사용법과 다르게 써보기 : 마지막 부분부터 시작해본다. 중간부
  터 시작해봐도 된다. 이리저리 시험 삼아 만져보며 작동법을 터득한다.
  가능하면 상상할 수 있는 모든 활용법으로 작동시켜본다.
- 질문 던지기 : 이런저런 추측을 해보면서 그 물건이 무엇이고, 어떻게

쓰는 것이고, 왜 중요하며, 일상생활에서 어떤 역할을 하는지 질문해본다. 일부 사람들이 그 물건을 연구하는 데 평생을 바치는 이유는 무엇이었을까? 그 분야에 능숙해지기 위해 어떤 면모가 필요하고, 그 분야에서 파생된 직업은 무엇이 있을지 등을 생각해본다.

- 가지고 놀기 : 아이가 길이의 개념을 익혀주는 수학 막대를 가지고 놀려고 한다면 책은 한쪽으로 치워두어라. 수학 막대로 집을 지으면 짓는 대로 내버려둬라. 막대를 마술 지팡이로 변신시키고, 쭉 쌓아올려 보고, 다채로운 색깔의 여러 모양으로 만들어보고, 박제 동물들의 애완동물 사료인 것처럼 가지고 놀아보게 해라.

- 아이가 호기심을 가진 물건이나 책, 주제가 기존에 가지고 있던 흥미와 연관성이 있음을 알게 해주기 : 새로운 책이나 도구나 과정이 아이가 이미 삶의 즐거움을 느끼고 있는 부분과 연관성을 갖게 해줄 만한 방법을 생각해본다.

"아이의 호기심은 어떤 주제에서 생겨났는가?

"어떻게 하면 이 주제를 아이와 함께 빤하지 않은 색다른 방식으로 탐색해볼 수 있을까?"

만약에 엄마가 아이에게 억지로 호기심을 강요하고 있다는 느낌이 들면 스스로 이 질문을 해서 곧바로 개선하기 바란다.

7장

배우고 싶다는 말에
섣불리 투자부터 하지 마라

누군가는 성공하고 누군가는 실수할 수도 있다.
하지만 이런 차이에 너무 집착할 필요는 없다.
함께할 때, 협력할 때에야 비로소 위대한 것이 탄생한다.

Antoine de Saint-Exu-péry(소설가)

 공부 불꽃을 당겼다!

아이와 엄마가 협력해서 이루는 학습과 아이 혼자 해내는 자기주도 학습 모두
중요하다. 두 학습의 진가를 제대로 활용하기 위해 아이별로 다음과 같은 표를
만들어보자.

먼저 맨 위에 '독자성'과 '협력'을 표제로 넣어 표를 두 칸으로 나눈다. 아이가
'독자성' 하에 엄마의 도움 없이 펼쳐나갈 학습 대상을 쭉 나열하고, 아이가 열
의 없거나 싫어하거나 도움이 필요한 기색을 보이면 해당 주제나 대상을 '협력'
칸에 넣는다.

(예시)

이름	제이콥(남)	나이	10세
독자성		협력	

독자성	협력
· 초코칩 쿠키 굽기	· 문법 수업
· 신발 끈 묶기	· 샤워하면서 머리 감기
· 보고 옮겨 쓰기	· 옷 빨래
· 레고	· 수학 책 보기
· 시리즈 읽기	· 주방용 화학제품 실험
· 자전거 타기	· 장난감 제자리에 정리하기
· 시간 읽기(디지털시계)	· 주방 칼 써보기
· TV 리모컨 사용하기	· 역사 공부
· 놀이용 옷 갈아입기	· 시간 읽기(아날로그시계)
	· 격식 있는 옷 갈아입기

직접 해보자.

이름		나이	
독자성		협력	

독자성	협력

1년 동안 해본 결과 어떤 활동이 다른 칸으로 옮겨지면 표시를 해놓고 새로운 활동이 눈에 띄면 추가로 써넣는다. 아이가 어떤 활동에 즐거워하고 어떤 활동에서 정신적 지지를 필요로 하는지 주의 깊게 살핀다. 독자성과 협력 둘 다 공부에서 매우 중요한 학습 전략임을 명심하자.

학습 협력의 시작은 대화다

아이와 엄마의 학습 협력에 대해 말해보자. 엄마는 아이를 학습 모험 속으로 데려가준다고 여기면 이해가 쉽다. 아이가 현재 호기심으로 학습 욕구가 채워져 있다고 치자. 그것을 수업이나 특별한 도구로 북돋아야 한다. 그럴 때 누가 나서서 도와줘야 할까? 바로 엄마다.

협력은 파트너가 되어주는 능력이다. 오늘날과 같은 환경에서는 공동 학습이 가장 좋은 결과를 이끌어낸다. 얼핏 생각하기에 홈스쿨은 독자적인 학습인 것 같지만, 사실 들여다보면 그렇지 않다. 홈스쿨에서 원하는 독자성의 추구는 아이가 학습내용을 잘 습득하기보다 어른의 피로를 더는 문제와 더 밀접하게 결부되어 있다. 아이가 의욕적이고 자기주도적인 학습자가 되길 바란다면 재택수업 때에도 엄마는 아이의 학습 협력자가 돼주어야 한다.

공부는 단순히 지식을 쓰지도 않고 머릿속에 차곡차곡 쟁여놓았다가 적성 검사를 위해 꺼내 쓰는 것이 아니다. 다른 사람을 잘 돕고,

가족이나 친구나 동료들로부터 아이디어와 조언을 받을 줄 알며, 전문가에게 지식을 얻어내 활용할 줄 아는 능력이다. 이런 협력 기술을 길러주는 것이 엄마가 해줘야 할 가장 중요한 역할 중에 하나다.

수많은 교육 철학자가 글쓰기와 수업 발표를 장려하지만 관심과 애정을 가진 파트너, 바로 엄마와의 대화야말로 아이의 공부에 가장 효과적인 맥락이 되어준다.

나는 이런 대화를 '폭넓고 흥미진진한 대화'라고 일컫는다. 이에는 구체적인 목표나 목적이 없다. 두 사람 이상이 모여 두서없이 자유로운 대화를 나누면 된다. 부모는 대화의 결론을 결정할 권한을 내려놓고 아이들은 꾸지람 들을 걱정 없이 마음 놓고 자신의 아이디어와 생각을 과감히 밝힌다. 때때로 엄마가 이런 활기찬 대화를 가치있는 교육으로 여기는 것을 잊어버리기도 해서 문제다. 대화를 통해 여러 화젯거리와 주제, 경험에 대해 중대한 상호 교감을 나누면서 가치 있는 교육뿐만 아니라 친밀감을 누린다.

학습 협력을 이끌어야 한다고 해서 꼭 교과목에 대한 대화를 나눌 필요는 없다. 예를 들어, 우리 가족은 디즈니 영화에 대해 폭넓고 흥미진진한 대화를 수없이 나눴다. 아이들이 어렸을 때는 각자 가장 좋아하는 영화가 뭐고 그 이유가 뭔지 이야기했다.

아이들이 악기를 익힐 때는 악보와 작곡가를 토론 주제로 삼기도 하고, 아이들이 10~20대가 되었을 때는 다양한 영화를 함께 보고 나서 인종차별과 페미니즘 이론에 대해 생각해보기도 했다.

폭넓고 흥미진진한 대화는 가족 간에 인터넷 이용이나 영상 시청의 규제 같은 복잡한 양육 문제의 해결책을 찾을 때도 유용하다. 예를 들어, 일곱 살짜리 아이가 아이패드만 붙잡으면 자제력을 잃는 모습을 지켜보다가 엄마의 학습 협력으로 대화를 시도하면 어떨까?

"표정을 보니 실망한 것 같네! 무슨 일인데 그래?"

"이번 판을 못 깼어요!"

그러면 아이의 어깨를 토닥이며 말해줘라.

"깨고 싶어? 나랑 판을 깰 전략을 얘기해보고 다시 해볼래?"

이렇게 하면 대화가 유발될 수 있다. 아이는 엄마가 그렇게 말하는 의도가 창피를 주거나 게임을 못하게 하려는 것이 아님을 알 것이다. 게임을 계속하되 더 잘할 수 있게 도와주려는 마음으로 하는 대화라고 생각한다. 엄마와 아이가 학습 협력을 위해 마음을 열면 놀라운 결과가 뒤따른다.

아이가 좋아하는 것에 진심 어린 관심을 보여줘라. 아이의 아이디어와 견해가 다소 불편하게 다가오더라도 엄마의 뜻대로 밀어붙이려는 사고방식을 접고, 폭넓고 흥미진진한 대화를 유발해야 한다.

배우고 싶다는 말에 섣불리 투자부터 하지 마라

캐트린이 여덟 살 때, 중국어에 대해 배우고 싶다고 말했다. 나는 덥

석 온라인 중국어 강의 프로그램을 구입했다가 199달러를 버렸다. 캐트린이 중국어로 말하는 방법을 배우고 싶다는 뜻으로 여겼던 것이다.

안타깝게도 20년 후에야 알았다. 그때 캐트린의 말뜻은 '읽기를 배우고 싶다'는 의미였다. 캐트린에게는 영어의 알파벳은 너무 어려운데 비해 그림 같은 중국어 문자는 더 쉬워 보였던 것이다. 여덟 살짜리 아이의 논리였다. 내가 그 뜻을 못 알아들었다.

캐트린은 중국어 온라인 강의 프로그램에 열의 있게 뛰어들었지만 8주쯤 지나자 시들해졌다. 나는 어떻게 도와줘야 할지 막막했다. 하지만 계속 공부하라고 억지로 시키지는 않았다.

1년 후에 나는 석사학위를 따기 위해 그리스어를 공부하고 있었다. 캐트린은 내가 그리스어 문구를 신중히 옮겨 쓰는 모습을 지켜보다가 그리스어 문자에 푹 빠지게 되었다. 그래서 우리는 같이 그리스어 카드를 만들었다.

그때 나는 우리 가족의 이름을 소리 내어 읽으며 그리스어 문자로 배정했다. 읽기를 배울 때도 영단어를 소리 내서 읽으려 하지 않던 캐트린은 그제야 무언가를 깨달은 듯했다. '어른들도 읽기를 배울 때 글자를 소리 내서 읽는구나' 싶어서 번쩍 머릿속이 트인 것이다! 캐트린은 터벅터벅 자기 방으로 가더니 할머니에게 받은 이메일을 소리 내어 읽으려고 애썼다. 비로소 캐트린이 읽기에 눈을 뜬 것이다.

현재 캐트린은 피츠버그대학교에서 언어학 학위를 취득했고 힌디어를 비롯해 4개 국어를 구사한다. 그리스어를 공부하던 엄마의 협력 덕분에 영어 읽기는 물론 평생 다국어에 대한 열정을 갖는 계기를 맞은 셈이다. 온라인 중국어 강의 프로그램으로는 결코 해낼 수 없었을 공부였다.

아이에게 공부 흥미가 싹트면 엄마는 어떻게 협력해줘야 할까? 과잉 투자는 금물이다. 아이가 그것이 자신에게 딱 맞는 흥미인지 어떤지를 알기 전까지 신중해야 한다. 호기심을 너무 가볍게 다루다가 공부하게 할 기회를 놓쳐서도 안 된다. 자기주도 학습을 기대하는 것도 옳지 않다. 아이에게 공부 흥미의 불꽃이 붙은 다음에는 어떻게 할 것인가에 대한 난관도 넘어야 한다. 아이의 불길을 지펴줄 것인지, 선의의 방치로 인해 불길을 꺼뜨릴 것인지, 좋은 의도로 불길을 억누를 것인지 정해야 한다.

나의 페이스북 그룹 채팅방에서 한 엄마가 이런 어려운 문제의 전형적인 사례를 털어놓은 적이 있다. 이 엄마는 열세 살짜리 아들이 일본어를 배우고 싶어 한다며 자랑스러워했다. 흥미의 불꽃이 튄 것이었다. 그런데 외국어 학습 프로그램에 아주 상당한 금액을 투자했는데도 오히려 아들의 흥미가 시들해진 것 같다며 걱정이었다. 이 엄마는 자신의 역할은 학습 자원을 구입해주는 것이라고 여겼다. 그 이후에 흥미를 지속시켜가는 것은 아이의 몫이라고 생각했다. 그런데 아들이 외국어 프로그램을 시작했다가 몇 주 잠깐 하다가 그만두길 벌써 여러 번이라는 것이다. 아들의 호기심을 진짜로 받아들여주어야 할지 말지 고민된다고 했다. 이럴 때에는 비싼 돈을 들여 프로그램을 마련해준 다음에는 아이를 자기주도 학습이라는 섬에 내버려둬야 할까? 아니면 뒤에서 함께 따라가며 일본어에 본격적으로 매달리기 전에 일본어의 지형에 익숙해지게 해주는 게 좋을까?

"배우고 싶어요"라고 말할 때 아이는 안다는 것이 어떤 느낌인지 상상한다. 아이에게 과정은 모호한 개념이다. 이미 축구 스타나 실력 있는 피아니스트가 되거나, 읽기나 수학에 노련한 사람이 되어 있는 모습을 꿈꾼다. 이때 아이가 공부에 전념하도록 도와주고 싶다면 아이의 열의가 시들해져도 혼자 낑낑대지 않도록 동참해주는 것도 한 방법이다.

그뿐만이 아니라 어른으로서 노하우를 알려주면서 아이가 끈기 있게 계속해나가는 데 든든한 힘이 되어줘야 한다. 아이 스스로 생각하지 못할 만한 개념을 깨우치게 해줘야 한다. '아이를 따르되 때때로 리더가 돼주라'는 말은 바로 이런 경우에 해당한다.

현명한 협력 전략

아이가 혼자 하는 것에 애를 먹고 있을 때는 다음과 같이 자문해보자.

"'저 일'을 해내게 이끌어주려면 어떤 식으로 도와줘야 할까?"

"아이가 내 도움을 필요로 할 만한 게 또 무엇이 있을까?"

학교는 자기주도 학습을 가르치지 않는다. 교사는 강의를 늘어놓고 아이들은 매일 같은 시간에 수업에 들어가 책을 읽고 숙제를 받으면서 말을 잘 듣는 것에 따라 진전도를 평가받는다. 엄마는 아이가 혼자 독자적으로 공부하기를 기대하지만 학교는 그렇지 않다. 이 대목에서 끝내주는 것이 바로, 아이가 집에 있기 때문에 매일 몇 시간씩 독자성을 발휘하게 된다는 사실이다. 현재 아이가 혼자서 독자적으로 공부하고 있기 때문에 그 사실을 주목하지 못할 뿐일 수도 있다.

아이가 스스로 정복한 것들은 자연스럽게 관심을 갖고 좋아하게 된 것들 예를 들어, 포켓몬 고 게임, 닌텐도 위 볼링 게임,《해리 포터》의 라틴어 마법 주문, 미국 인기 바비 인형의 온갖 액세서리 등이다. 아이가 자신이 좋아하는 것을 혼자서도 얼마나 잘 배우는지 관심 있게 지켜봐라. 그러다가 아이에게 협력이 필요할 때는 거리낌 없이 협력해줘라.

협력에 필요한 것은 도움이 아니라 '함께 있어 주기'다. 협력의 목적은 최소한만 도와줘서 아이가 엄마에게 화가 나 독자적으로 해보려고 버둥거리기를 바라는 것이 아니다. 아이가 아직 서투르니 주도적으로 나서서 아이를 대신해서 해주려는 것도 아니다. 완벽한 파트너가 되어주어야 한다. 협력은 아이가 뭔가에 능숙해지기 위해 필요한 요령과 비결을 알려줄 기회다. 엄마는 교사라기보다 코치나 우군이다. 엄마와 아이가 서로 따뜻하고 듬직한 관계를 형성하자. 그러면 아이는 삶에 유용한 학습력과 통찰력을 동시에 갖출 수 있다.

다음은 현명한 협력 전략의 7단계다.

1단계 활동을 아이에게 시범으로 보여주기

2단계 행동을 하면서 그 순서를 큰 소리로 설명해주기

3단계 추상적인 것을 구체화하기

'3에 2를 곱할 때는 머릿속으로 세 사람씩 짝지어 있는 두 그룹의 사람들을 함께 합치는 모습을 그려보자. 자, 여기 이 땅콩으로 해보자. 땅콩을 세 개씩 두 그룹으로 이렇게 나누어놓고 보니까 알겠지?' 이런 식이다.

4단계 활동을 아이가 해보게 내버려두기

이때는 아이 곁에 앉아서 정신적으로 지지해준다. 아이가 해당 활동을 익히는 동안에는 옆에 앉아 있는다.

5단계 아이가 해나가는 순서를 큰 소리로 말해주면서 어떤 단계를 밟아가고 있는지 들려주기

아이가 그 활동을 연습해볼 만한 수준이 되면 거리를 두고 지켜본다. 아이가 혼자 시도해볼 만한 수준이 되면 잠깐 자리를 비워봐도 좋다.

6단계 아이를 위해 메모하기

아이가 다음에 또다시 활동을 해볼 때 참고하도록 메모해둔다.

7단계 아이의 활동 실력이 좋아지는 것에 맞춰 엄마와 떨어져 있는 시간과 거리를 서서히 늘리기

8장

호기심이 씨앗이라면
사색은 열매다

우리는 모두 어떤 능력을 타고 태어났으며
그것은 틀림없이 발휘된다고 믿어야 한다.

Marie Curie(과학자)

 **공부 불꽃을 당겼다!**

우리 집 아이들이 호기심으로 시작했다가 사색적 공부를 이어가게 된 관심 분야들이다.

- 옷 입기 → 바느질 → 패션 → 절약 → 1년간의 패션 블로그
- 고대 영어로 쓰인 《캔터베리 이야기Canterbury Tales》 → 셰익스피어의 영어 → 연극에 입문 → 셰익스피어 극단에서의 연기
- BBC 방송의 6부작 드라마〈오만과 편견〉 → 제인 오스틴의 원작소설 읽기 → 고전 춤 배우기 → 무도회 참석 → 《엠마Emma》를 바탕으로 중편 소설 쓰기
- 동물이름으로 배우는 알파벳 책 → 휴대용 도감 → 뒷마당에서 새잡기 → 동물원

수업 → 애완동물

- CD로 프랑스어 배우기 → 프랑스어 수업 → 프랑스어 전공 → 프랑스 유학 → 프랑스에서 영어 가르치기
- 홀로코스트에 대한 다큐멘터리 → 인권에 대한 관심 → 국제사면위원회 지부 설립 → UN에서의 인턴 생활 → 루스 장학금Luce Scholarship → 컬럼비아 법대 인권법 과정에 전액 장학금을 받으며 입학

당신의 아이는 어떤가.

아이가 호기심으로 시작했다가 사색적 공부를 하게 된 과정을 기록해보자.

_____

_____

_____

_____

_____

_____

_____

깊이 있는 탐구 활동

아이가 동물원에서 뱀을 보고 나서 하루 동안 호기심은 품을 수 있다. 하지만 그 뱀을 보고 난 2년 뒤에도 관심을 가지고 열중할 정도가 되려면 사색적 공부를 해야 한다. 호기심은 아이를 새로운 관심 영역으로 이끌어준다. 또 협력은 그 영역으로 성큼성큼 걸어가게 해준다. 그렇다면 사색은 어떤 일을 가능하게 할까? 아이가 관심을 집으로 데려와 자신이 알고 싶은 게 무엇인지 구체화하게 한다.

아이는 모든 경험이 자신에게 유용한 역할을 하고 중요하며 교육을 받는 동안에도 행복한 생활이 가능하다는 사실을 알게 되면 온갖 관심사를 더욱더 자유롭게 탐험한다. 어떤 관심사는 떳떳한 것으로, 또 어떤 관심사는 오락거리에 불과한 것으로 구분해서 바라보지 않는다. 관심사를 대립적으로 구분하지 않으면 한 분야에서 익힌 기량을 다른 분야에서도 유용하게 적용할 수 있다.

대다수의 홈스쿨 교육자들은 전통적 교과목을 꼭 배워야 하는 것으로 여긴다. 그러면서 아이가 하루 중에서 가장 재미없는 일과에 대해 지속적인 주의를 기울이기를 기대한다. 그동안 우리는 이런 과목이 따분한 만큼 아이들에게 반드시 의무화해야 가르칠 수 있다는 식의 생각에 공감해왔다. 어른들로서 교육의 의무라는 고귀함에 순응하기는 아주 쉽다. 그래서 모든 것이 다 신날 수는 없으며 따라서 어떤 것들은 좋든 싫든 배워야 한다고 믿는다.

아이들에게는 꼭 그런 의무를 적용하지 않아도 된다. 전통적 교과목이 꼭 모든 아이에게 유용하고 필요하지는 않다. 홈스쿨 교육자들은 오히려 비전통적인 창의성 있는 교육에 관심을 가져야 한다.

편안하게 사색할 수 있는 최상의 환경

바로 지금, 아이가 알아야 할 모든 것을 배우고 있음을 확인할 수 있다면 어떨 것 같은가? 나는 예전에 우리 집 아이들이 피아노 연습을 하거나 책을 읽을 때 충분히 배우고 있는지 묻지 않았다. 한편 닌텐도로 게임을 하고 있는 아이를 보면 그 활동을 오락으로 분류했다. 참된 공부가 진척되고 있는 게 아니라고 여겼던 것이다.

사실 온라인 게임을 하며 게임 한 판을 깨기 위한 기량에 집중하는 아이는 점심은 뭘 먹을지 생각하며 건성건성 문법 연습 문제집을 풀고 있는 아이보다 훨씬 더 뛰어난 집중력을 발휘할 수도 있다.

공부를 펼치기에 최적의 상태는 케인 부부가 이름 붙인 이른바 '편안한 각성상태'다. "이런 상태는 능력감과 자신감을 느끼면서 흥미 있어 하거나 고유의 의욕을 자극받은 학습자에게서 나타난다"고 한다. 편안한 각성상태를 촉진하기 위한 최상의 환경은 "첫째도 둘째도 셋째도 관계"다. 아이의 호기심에 협력해주며 사색을 꽃 피우는 모습을 지켜봐주는 엄마가 되어야 한다.

엄마는 아이가 중요하게 여기는 것을 함께 중시해야 한다. 쿠엔틴 타란티노Quentin Tarantino 감독 영화의 열혈 팬인 10대 아이가 있다면 기를 돋워주면서 함께 영화를 봐준다. 어린 자녀가 애완용 쥐를 키워보고 싶다고 말하면, 흔쾌히 쥐에 대해 배워볼 좋은 기회라고 여긴다.

우리는 첼로에서부터 목공예, 궁술, 유기농 정원 가꾸기 등의 활동에 열의를 가진 다른 가정의 아이들을 보며 감탄한다. 패션, 공포 영화, 침실 개조, 스노우보딩, 컴퓨터 조립, 강력 접착제로 지갑 만들기 등에서 발현되는 아이의 열정을 소중히 여겨주면 당신의 아이도 열정을 띠게 되어 있다.

내 친구 바브는 어느 날 아들과 스탠드업 코미디를 보았다. 두 사람은 자정이 지나도록 안 자고 함께 코미디 공연을 시청했다. 바브는 이렇게 말했다.

"아들은 내가 옆에 같이 있어 주거나 말거나 그 프로그램을 봤을 거야. 내가 그때 할 수 있는 최선은 옆에 같이 있으면서 서로 대화를 나누는 일이라는 생각이 들었어."

실제로 그 늦은 시간에 모자는 섹스, 정치, 유머, 스캔들, 문학, 코미디의 역사 등에 대한 이야기를 나누게 되었다. 정겨운 분위기 속에서 지칠 줄 모르는 공부불꽃을 당긴 것이다.

아이의 관심사를 확대해주려다 보면 돈이 많이 들고 터무니없고 비현실적인 경우도 많다. 모든 것은 무엇으로든 가르칠 수 있다는 사실을 인정하기 위해서는 다르게 바라봐야 한다. 아이가 지금 원하는 것을 조금이라도 누리게 해주면 어떨까? 거기에서부터 시작하는 것이다. 끓어오르는 호기심을 무시하고 싶어질 때는 그런 마음을 누르고 호기심을 받아줘야 한다. 금세 시들해질지라도 아이의 탐구를 지원해줄 방법을 찾아봐야 한다.

교과목은 취미나 스포츠만큼의 열정은 일으킬 가망이 없어 보인다. 그 이유는 교과목을 가르치는 방법이 대체로 추상적이기 때문이다. 예를 들어 아이가 문법을 이해하기 어려워하는 이유는 영어 분석이 아이의 읽기나 자기표현 능력에 영향을 주지 않기 때문이다. 그러니 엄마는 교과목을 다른 식으로 바라보는 것도 필요하다. 교과목이 아이와 의미 있는 관계를 맺어서 사색할 수 있게 불꽃을 당겨주어야 한다.

집을 사색의 공간으로 만든다

아이가 어떤 주제에 대해서 관심을 보이고 있다면 엄마는 다음과 같이 자문하자.

'내가 어떻게 해주면 좋을까?'

'어떻게 해줘야 지칠 줄 모르는 공부에 적절한 여지가 생길까?'

그러고 나서 시도한다.

아이의 중점적 관심사와 근접한 주제를 고른다. 일주일 동안 아이와 함께 그 근접 주제를 탐구한다. 중심적 관심사와 근접 주제가 서로 연관성을 갖는 부분을 가능한 많이 찾아본다.

집을 사색의 공간으로 만들자.

연관성을 이어주는 것에 더해, 사색적 공부가 일어날 만한 환경을 갖추는 것이다. 엄마에게는 아이의 관심사가 공부처럼 보이지 않을 수도 있다. 하지만 진정한 사색을 위해 다음과 같은 환경을 만들어 준다.

- 아이가 시간을 낭비하고, 금방 꺼질 일시적 관심도 가져보고, 뭘 시도했다가 포기해보게 내버려두기

- 아이의 열정을 살려주기 위한 자원에 투자하기

- 연습에 연습에 또 연습이 필요하다는 점을 인식시키기 : 아이가 준비되고 현재 수준의 기량에 갑갑해할 때까지는 다음 단계로 진전시키지 말자. 예를 들어, 아이가 구구단표를 재미있어하며 잘 맞춘다면 욕구가 충족될 때까지 계속하게 내버려두어도 괜찮다. 그러다가 점점 지루해하면 그때 난이도를 올리면 된다.

- 가끔씩 그 관심사에 지나친 시간을 쏟아붓게 해주기 : 예를 들어, 아이가 레고에 빠져있다면 일주일 동안 다른 일은 하지 않고 레고만 하게 해준다. 아이가 저녁 내내 온라인 게임에 빠져 연달아 레벨을 깨고 있는 중이라면 아이의 취침 시간을 줄여준다. 손으로 무엇인가 만드는 일에 빠져 있다면 매일 몇 시간이고 그 일에만 매달리게 해준다.

- 개인적인 목표를 세우도록 지도하기 : 피아노를 치는 아이가 특정 악보를 목표한 날짜까지 외운다거나, 뜨개질을 배우는 아이가 목도리와 모자를 세트로 뜰 때까지 기다리면 된다. 달력에 진행 상황을 표시한다.

- 아이의 관심사로 하루를 시작하기 : 내가 아는 한 엄마는 아들들에게 퀼팅을 가르쳤다. 아이들은 매일 아침 등교하기 전 1시간 동안 바느질을 했다. 매일 아침 30분씩이라도 아이가 좋아하는 일에 전념하게 해주면 그날 하루 아이는 활력이 넘친다.

매일매일 축하하자!
공부불꽃을 당기는 덴 이게 최고

성취의 기쁨과
창조적 노력이 행복을 준다.

Franklin Delano Roosevelt(미국의 32번째 대통령)

공부 불꽃을 당겼다!

중학생 때 노아는 컴퓨터 프로그래밍 이면에 숨겨진 수학을 알게 되었다. 우리는 일상생활의 수학에서 10을 바탕 수로 사용하지만 컴퓨터에서는 2를 바탕 수로 사용한다는 것을 알았다며 심취했다. 그러더니 12를 바탕 수로 쓰는 구구단을 만들어보는 도전에 나섰다. 2개의 숫자를 더 고안해 넣어서 구구단을 짰다. 나는 워낙에 숫자와 친하지 않아서 그런 것을 만들어볼 생각은 해본 적도 없다. 그런데 노아는 그동안 쌓은 곱셈 실력을 발휘했다. 노아는 12를 바탕 수로 써서 만든 구구단표를 수년간 지갑에 넣고 다녔다. 아이에게는 그것이 자부심의 원천이었고 곱셈을 정복한 것에 대한 축하였던 것이다.

축하의 진정한 의미

아이는 자신이 배운 것이 중요하다고 생각하면 나름대로 축하를 한다. 딸이 실내 암벽의 꼭대기까지 올라가 그곳에 꽂혀 있는 쇠봉을 탕, 치면 그것은 해냈다는 것을 기념하는 행동이다. 아들이 《해리 포터》 시리즈를 끝까지 다 보고 나서 행복하고 만족스러운 기분으로 침대에 누우면 그것도 축하의식이다. 귀여운 네 살 아이가 낙서를 휘갈겨 쓴 종이를 내밀며 이야기를 썼다고 말하며 축하한다는 의미로 포옹을 해달라며 엄마의 품 안으로 뛰어들기도 한다.

등급을 매기는 행위는 축하가 아니다. 아이가 의무적으로 배워야 하는 것에 대해 학업상의 수준을 따지는 스트레스를 유발할 만한 평가일 뿐이다. 보상도 축하는 아니다. "욕실 청소를 도와주면 장난감을 사줄게"라는 식으로 아이가 하기 싫어하는 일을 시키려고 유인책을 쓰는 것이지 축하가 아니다.

가장 바람직한 축하는 자기 스스로 성취해냈다고 느끼는 것이다. 예를 들어, 엄마가 뜬 목도리를 자신의 목에 두르면 그것도 바로 성취해낸 증거다. 리암은 수년 동안 침대 옆에 시집을 한 권씩 놔두고 시를 외워 혼자 암송했다. 시에 대한 개인적인 축하였던 것이다.

이를 통해 나타나는 한 가지 특징은 선택권이다. 주변에서 보면 자기가 싫어하는 운동을 하면서 부모에게 높은 수준의 실력을 발휘하도록 강요받는 아이들이 꼭 있다. 반면에 자신이 좋아서 운동을 하며 실력을 향상시키기 위해 도전 의지를 불태우는 아이들도 있다. 전자의 아이는 운동을 하며 원망을 느끼지만, 후자의 아이는 운동을 통해 자부심과 즐거움을 느낀다.

교육하면서 아이들에게 그런 즐거움과 자부심을 더 많이 부여해 주려면 어떻게 해야 할까? 아이가 사칙연산을 다 익히려면 어떻게 해야 할까? 분수로 진도를 나가야 한다고 떠밀어야 할까? 아니면 잠깐 틈을 두어, 획기적인 성취를 인정해주며 기량을 스스로 즐길 만한 기회를 주어야 할까?

공부 동기부여를 강화하는 법

대다수의 교육 환경에서는 어른이 아이의 학업 목표를 대신 세워준다. 가끔 10대 아이에게 자신이 정해준 대로 공부를 시킬 방법을 좀 알려달라고 나에게 전화를 걸어오는 부모들이 있다. 어린 자녀가 아무리 다정한 말로 부탁해도 아주 작은 요구마저 듣지 않는다고 하소연하는 부모들도 있다. 아무리 달콤한 말로 요구해도 대다수 아이는 그 활동이 해볼 만한 가치가 없다고 여기면 엄마가 시키는 대로 따르지 않는다. 사람은 자신의 노력이 개인적으로 의미가 있는 목표로 이어질 것이라는 믿음이 있어야 실천한다.

아이는 꾸지람을 듣기 싫어서 엄마가 정한 목표에 순응하거나,

TV를 보고 싶어서 시키는 대로 따르는 것일 수도 있다. 두 이유 모두 목표 자체에서 의미를 느끼는 것과는 상관이 없다. 그 무엇도 개인적인 동기부여를 대체하지는 못한다. 다음은 공부 동기부여를 강화하는 3가지 요소다.

1. 아이 자신에게 가치 있는 활동을 한다.
2. 아이가 부담스럽지 않고 편안한 진도에 맞춰 학습할 수 있어야 한다.
3. 눈에 띄는 확실한 성취가 있어서 아이가 꾸준히 활동을 지속하며 노력을 이어가려는 의지를 갖게 한다.

반면에 다음과 같은 경우에는 공부 동기부여가 약해진다.

1. 아이에게 중요한 의미가 있는지 없는지를 무시한 채 활동을 강요한다.
2. 아이를 너무 강도 높고 너무 빠른 학습 진도를 따르도록 밀어붙이거나, 정반대로 이미 이해를 끝낸 활동을 새로운 도전 과제도 없이 반복시킨다.
3. 도중에 의미 있게 응용해보는 과정도 없이, 동떨어진 미래의 목표를 향해 끝도 없이 걷기처럼 활동을 시킨다.

아이들은 자신이 학습에 대해 의미 있는 발언권을 가질 때 공부에 대한 행복을 느낄 가능성이 훨씬 높다. 즉, 학습 관련 의사결정에 참여하고 자신들의 공부, 장점, 성공에 도움이 되는 선택을 내릴 수 있는 기회가 주어지면 즐거움이 보강된다는 뜻이다. 아이가 무엇을 어떻게 왜 배워야 하는지를 엄마가 좌지우지하면 자기 방식대로 관심을 가져볼 기회를 방해하게 된다. 게다가 아이가 당신의 계획대로 따르기는 하지만 건성으로 노력하면 스트레스와 지루함을 넘기기 위해 대충대충 하는 버릇이 들기도 한다.

성취감을 축하할 수 있는 공부

반대로 해보면 어떨까? 성취를 축하할 줄 아는 능력은 공부에서 중요한 능력이다. 아이가 자신의 공부에 대해 이해한다는 의미니까 말이다. 나의 경험담을 이야기해보자면, 우리 집 아이들에게 주의력을 모아서 잘 옮겨 적을 수 있었던 문장이 몇 개냐고 물어봤을 때 좋아하면서 대답했다. 그때 아이가 한 문장이었다고 말해도 나는 뭐라고 하지 않았다. 주의력이 약해지는 것 같으면 그만하라고 했다. 또한 보고 옮겨 쓰기에서 선택권을 주었다. 검은색 종이에 젤 펜으로 쓰기, 내가 써준 단어를 따라 쓰기, 소파에 앉아서 클립보드에 받쳐 쓰기, 옮겨 쓸 구절 고르기, 종이를 예쁘게 꾸미기 등 말이다.

아이들은 엄마가 잘 들어줄 거라는 믿음이 있으면 자신이 얼마나 잘할 수 있는지 선뜻 이야기한다. 문제는 대다수의 엄마가 아이의 대답을 마음에 들어 하지 않는다는 것이다.

"완전히 집중해서 최선을 다해 옮겨 쓸 수 있는 구절이 몇 개야?"라고 물었을 때 아이가 "한 개요!"라고 대답하면 기겁한다. 어른인 엄마가 생각하는 관점에서 보면 부족하게 느껴지기 때문이다. 그 바람에 유인책을 쓰거나 벌을 주면서 축하의 중요성을 잊어버린다.

그런데 아이를 진지한 태도로 받아주면 어떻게 될까? 단어 하나를 예쁘게 잘 썼다면 아이와 함께 축하해보자.

"정말 예쁘게도 잘 썼네! 'b'자를 통통하고 둥글둥글하게 쓴 거랑, 'y'자의 끝부분을 아주 정성스럽게 쓴 것 좀 봐. 정말 보기 좋다."

엄마의 이런 반응에 아이는 목표를 정하고 자신의 노력을 소중히 여기며 공부에 즐거움을 느낀다.

진지하게 노력한 아이를 축하해주면 아이는 도전을 덜 두려워하게 된다. 이것은 온라인 게임 설계자들이라면 더 잘 아는 사실이다. 게임 설계자들은 처음에는 도전 난이도를 낮게 맞추어놓아 게이머가 다음 레벨에 도전하기 전에 성공의 결실을 누리게 해준다. 이런 착상을 글씨 쓰기에도 적용해 단어 하나를 쓰는 데 주의력을 모아 전념한 것에 대한 자부심과 성취감이 기꺼이 위험을 무릅쓰고 한 번에 두 개나 세 개의 단어에 도전하도록 용기를 북돋워줄 수도 있다. 어쩌면 어느 날, 아이가 불쑥 이렇게 말할지도 모른다.

"우와! 하다 보니 나도 모르게 다 썼네. 문장 하나를 다 썼어!"

축하를 위한 선택권

우리 아이들은 자신의 교육에서 선택권을 가져야 한다. 그러기 위해 아이와 함께 평가하고 축하할 수 있도록 향상시켜 나갈 실력의 목록을 단계에 따라 정한다. 다음과 같이 말이다.

- 1, 2, 3, 4 (등의) 단위로 덧셈, 뺄셈, 곱셈 정복하기
- 완전한 한 문장, 한 문단, 한 쪽 전체를 손으로 쓰기
- 2, 5, 7, 10분 동안 아무 글이나 자유롭게 골라 써보기
- 어린 동생을 너그럽게 챙겨주기
- 자기 물건 나눠 쓰기
- 할아버지, 할머니에게 감사 편지 쓰기
- 목도리 뜨기
- 좋아하는 시리즈 전권 다 읽기

나는 아이에게 개인적으로 의미 있는 목표를 고를 선택권을 주었던가? 아이가 개인적으로 성취를 이뤘을 때 마음을 다해 축하해주었던가? 그렇지 못했다면, 아이가 평가 가능한 목표를 세우도록 도와라. 아이가 하고 싶어서 하고 스스로 평가할 수 있는 목표를 먼저 알아야 한다.

"알았어요. 수학 문제 하나 풀게요.'

아이가 이렇게 말하고 나서 한숨을 내쉬며 축 처지면 그것은 목표를 세운 게 아니라 엄마의 압박에 못 이겨 체념한 것이다. 엄마는 아이 자신이 중요하게 여기는 활동의 목표를 세워보라고 말해준다. 일례로, 예전에 조안나가 미국산 바비 인형을 사고 싶다고 말한 적이 있었다. 그때 우리 부부는 가격이 어느 정도 하는지 알아보고 나서 그 가격을 조안나가 벌어서 모을 수 있는 금액에 맞춰 월 단위로 나누었다. 그 뒤로 조안나는 진행 상황을 벽에 표시해나갔다.

아이는 혼자 힘으로 큐브를 맞추거나 레고를 쌓을 줄 알고 싶어 할지 모른다. 아이가 목표를 세우는 요령을 익혀서 그 목표에 따른 후 만족을 느끼며 축하하면 다시 목표를 세울 가능성이 높아진다. 손 글씨 쓰기, 덧셈이나 구구단 공부, 온라인 게임, 시리즈 책 읽기, 미술 활동, 자전거 타기, 블로그 시작하기, 반려동물 키우기, 식물 재배, 빵 만들기 등 어떤 분야든지 상관없다.

모든 아이가 목표 세우기를 좋아하지는 않는다. 목표를 세우고 실천하기를 원한다면, 엄마는 아이가 행복한 공부불꽃을 당기도록 도와주어야 한다. 아이가 어떨 때 열심히 노력한 것을 기뻐하고 축하하는지 살펴봐줘야 한다. 그리고 안아주기, 하이파이브, 손 카드, 칭찬, 성취한 내용을 달력에 표시하기, 사진 찍기, 아이의 노력에 과한 감탄하기, 인스타그램에 공유하기 등의 방법으로 아이의 성취를 축하해주어야 한다.

10장

머리를 많이 쓰면
공부불꽃이 거세지는 건 당연지사

지금까지 우리는 교육이라는 계란을 전부 한 바구니에 담는 실수를 저지르면서
인간의 뇌가 가진 정말로 유용한 또 다른 능력들,
즉 지각, 직관, 상상력, 창의력을 부당하게 대우했는지 모른다.

Betty Edwards(미술학·인지심리학 교수)

 **공부 불꽃을 당겼다!**

아이의 두뇌 활동을 최대치까지 끌어올려주기 위해 다음 3N 법칙을 활용해
보자.

① 주목하기Notice : 교과목, 운동, 취미, 우정, 예술 분야에서 아이의 적성을 찾아
본다.

② 말하기Narrate : 아이가 이루어낸 성취에 대해 "어떻게 이런 시를 썼어! 이 시가
네 머릿속에서 언제부터 움트고 있었는지 궁금한걸" "네 머리가 축구공을 골인
시키는 데 필요한 거리와 힘을 측정한다는 게 놀랍지 않니?" "너는 아직 아기인
여동생을 달래주는 방법을 잘 알아. 네 머리가 동생에게 뭐가 필요한지 알아내서

그 방법을 실천하는 거지"와 같은 의견을 말한다.

③ 메모하기 Note : 일기에 날짜와 구체적인 활동을 적어놓는다. 1년 동안 이런 순간들을 쭉 기록하고 이것을 육아수첩의 첫 내용으로 삼는다. 자부심을 유발해주는 '두뇌 활동 순간'을 찾는다.

집이 학습공간인 이점을 살려서 다양하게 지능을 활동시킬 기회를 만들어보자. 이런 일을 홈스쿨 교육의 한 부분으로 넣어 다음과 같은 일을 해보기 바란다.

- 말장난하기
- 번갈아가며 하기
- 창의적인 미술 활동
- 자연 즐기기
- 협력 프로젝트
- 스포츠 활동
- 계획 짜기
- 집 안을 아늑한 공간으로 다시 꾸며보기
- 파티 열기
- 수학 게임
- 농담, 뜬금없는 얘기로 관심을 딴 데로 돌리기, 논리 퍼즐
- 시 쓰기와 시 암송
- (문자나 소셜 미디어로) 친구들과 메시지 주고받기

두뇌 활동은 학습적인 것만 말하는 게 아니다

내 아이가 어느 방면에 천부적인 재능이 있거나 똑똑하다고 말하는 엄마들이 있다. 대체로 이런 경우는 학업적인 부분에 있어서 아이가 또래와 비교했을 때 앞선다고 말한다. 아들이 열 살밖에 안 되었는데 대학생 수준의 글을 읽는다거나, 딸이 이제 일곱 살인데 벌써 방정식을 푼다거나, 아들이 아홉 살인데 벌써부터 자국의 역사를 엄마보다 더 많이 알고 있다는 등에 대해 자랑한다.

생각해보면 아이가 아주 똑똑하다면서 이렇게 말한 엄마는 지금껏 없었던 것 같다.

"딸이 열한 살인데 사람들의 감정을 잘 읽어서 자연스럽게 위로해주는 방법을 알아요."

"아들이 열일곱 살인데 세계적으로 알아주는 온라인 게이머가 될 것 같아요. 게임을 아주 잘해요!"

"딸이 어찌나 똑똑한지 몰라요. 미국 올림픽 대표 수영선수 후보에 들었다니까요."

이런 특출함은 대인관계, 전략 수립 소질, 운동 실력으로 구분된다. 또한 이런 성취는 "두뇌가 좋다"라고 칭찬하지 않지만 분명히 뇌와 관련되어 있다. 주변에서 예술에 재능이 있는 아이들을 돌아보자. 금방 알 수 있다. 대체로 이런 아이의 실력에 대해서는 '재능'이라고 말하면서 뇌와 몸이 그 담당 주체일 줄은 생각하지 못한다. 어떤 무의식적이고 마법 같은 능력으로 치부한다. 예술적 재능에 대해서는 "뛰어나다"는 말은 기꺼이 쓰면서 지능이 어쩌니 하는 표현은 붙이지 않는다. 어떤 엄마가 "우리 딸은 아주 똑똑해요. 진짜처럼 똑같이 그릴 줄 알아요. 사진으로 찍어놓은 것 같다니까요"라고 말한다면 어떨까? 이 부모가 헷갈려서 구분을 잘못한 것일까? 이런 예술적 재능이나 지능을 운 좋게 타고난 것일까?

《오른쪽 두뇌로 그림 그리기》의 저자 베티 에드워즈의 주장에 따르면 머리는 이성적일 뿐만 아니라, 지각, 직관, 창의력, 상상력의 중추라고 한다. 그런데 우리는 상상력이 풍부한 아이들을 어떻게 바라보는가? 우리는 이런 아이들을 똑똑하다고 여기는가 아니면, 주의가 산만하다고 여기는가? 눈에 보이지 않는 자질들인 지각과 직관은 또 어떻게 이해하는가? 아이들에게서 지각과 직관이 활동적으로 작동해도 우리는 절대 알지 못한다. 지각과 직관은 겉으로 드러나지 않고 아무 말이 없으며 보통 의식적 논리의 흐름도 없이 공부가 아닌 경험을 통해 연마되어 작동된다고 생각한다. 지능과 머리 교육은 단순히 지식과 커리큘럼 과정을 소화하는 것만으로는 부족하다.

하워드 가드너가 이끈 하버드대학교의 〈프로젝트 제로〉에서는 지능의 8가지 유형(시각적, 공간적·신체적, 근감각적·논리적, 수학적·자연주의적·청각적·언어적·대인관계적·자기성찰적 지능)을 제시하며 지능 이론에 혁명을 일으켰다.

지능은 전통적인 학교 교육의 경계선을 크게 벗어난다. 머리는 아이들의 발전에 기여하는 수천 가지 방법에 적극적으로 관여해서 다양한 활동을 한다. 문제 해결 방법을 통찰, 몸과 협응, 자기관리, 물리적 공간 구성, 농담 내뱉기, 자연 세계에 이름 지어주기, 게임이나 영화 비평하기, 예술적 표현, 게임을 정복하기 위해 밤샘 작업하기, 영화와 원작의 비교, 바느질, 뜨개질, 목공 등의 패턴 따라 하기, 반려동물 길들이기, 레고 쌓기, 옷과 액세서리로 인형 예쁘게 꾸미기, 미래를 상상하기, 범인이 누구인지 추론하기, 정원 가꾸기, 동남아시아 배낭여행 계획 짜기, 수학 방정식 응용하기, 이야기 쓰기, 연극 오디션 받기, 외국어로 숫자 건너 세기, 조리법 수정, 새로 배운 어휘의 단어 쓰기, 중동 분쟁이나 동생과 싸운 일의 해결책 상상해보기….

두꺼운 고전 읽기, 진지한 학술 논문 쓰기, 수학 실력 늘리기처럼 학습적인 것만이 두뇌 활동의 전부가 아니다. 오늘날에는 혁신, 협력, 상상력도 그에 못지않게 중요한 두뇌 활동이다. 다양한 두뇌 활동에 주목하자.

전통적인 교육 머리와 비전통적인 두뇌 활동의 차이

노아는 열다섯 살 때 고등학교에서 수업을 들으면서 2주 후에 첫 수학 시험을 치렀다. 그전까지는 노아에게 시간제한을 두고 치르는 전통적인 시험을 보게 한 적이 없었다. 자리에서 일어나 돌아다니지 못하게 한 적도 없었다. 그래서 학교 교실의 이 틀에 박힌 환경에서 어떻게 시험을 치를지 궁금했다.

시험을 다 보고 나온 노아는 자동차 안으로 뛰어들며 기분 좋게 말했다.

"엄마, 나 시 두 편을 썼어요!"

나는 잠시 아무 대꾸도 하지 못하다가 머뭇거리며 물었다.

"그랬…구나. 그런데… 수학 시험은 어땠어?"

"제 말 못 들으셨어요? 시 두 편을 썼다고요."

"들었어. 내 말은 시험은 어땠는지부터 얘기해달라는 거야."

"말했잖아요. 수학 시험 보면서 시 두 편을 썼다고요!"

그 말에 나는 얼굴에서 핏기가 빠져나가는 기분이었다.

"뭐라고?"

그리고 가까스로 말을 이어갔다.

"수학 문제는 어떻게 했는데?"

"다 풀었어요. 시험은 걱정 안 돼요. 일찌감치 끝내서 시를 두 편이나 썼어요. 읽어볼 테니까 들어보세요!"

노아는 유쾌한 시 두 편을 읽으며 깔깔 웃어댔다.

하지만 나는 집중해서 들을 수가 없었다. 수학 문제가 어땠는지 궁금했다. 어려웠을까? 아이가 애를 먹었을까? 답을 잘 썼는지 제대로 확인했을까?

아들은 그런 시험 체계를 잘 몰랐다. 홈스쿨을 통해 나는 학교 시험을 볼 때 어떻게 행동해야 하는지 노아에게 가르친 적이 없다. 노아는 시험을 보며 초조해하지 않았다. 시험 결과를 걱정하지도 않았다. 문제를 다 풀기는 했지만 교실에서의 그 조용한 순간 동안 머릿속에서 펼쳐지는 언어유희에 더 집중했던 것이다.

노아는 남은 시험 시간 동안 답을 맞게 썼는지 확인한 게 아니라, 늘 하던 대로 발전을 위해 머리를 썼다. 하지만 부모로서는 진지한 학문에 대한 그런 감상적인 태도가 대학 진학 가능성에 걸림돌이 될까봐 걱정스러웠다. 노아가 여러 영역을 잘 옮겨다니거나 한 번만 보고도 잘 배우는 능력을 타고나기 했지만 그 상황에서 그런 능력이 무슨 소용인가 싶었다. 현실 세계, 그러니까 '현실의' 공부에서 내세우는 기대에 부응하지 못할 것 같은데 말이다.

나 역시 어쩔 수 없이 대입 준비를 들먹이며 잔소리를 했다. 가만히 듣고 있던 노아가 이런 말을 했다.

"엄마, 엄마는 나를 비전통적인 방식으로 키웠잖아요. 그런데 이제는 전통적인 학생이 되라는 거예요?"

가슴이 쿵 내려앉았다.

노아는 이미 전통적인 학교 교육과는 맞지 않았다. 공부, 시험 준비, 시험 보기, 답을 맞게 썼는지 다시 확인하기, 다른 학생들이 시험을 마칠 때까지 조용히 앉아 있기, 이 모두는 그동안 전통적인 학교 교육이 성실한 학생의 표상으로 여기는 것들이었다. 우리가 "교육

받은 아이를 원한다"고 하는 건 즉, "'학교 교육을 받은' 아이여야 한다"의 다른 말이다.

'교육받은 머리'는 '학교 교육을 받은' 머리와는 다른 데 말이다.

진정한 두뇌 활동을 발견해라

아이는 두뇌 활동을 위해 이리저리 누비고 다니며 다양한 공부의 내용, 인간관계, 신체 움직임, 경험을 자신 안에 축적시킨다. 그러니 초조한 마음으로 홈스쿨을 하는, 내 아이가 제발 의자에 엉덩이를 붙이고 앉아 손에 연필을 쥐고 고분고분 문제지를 다 풀기를 바라는 엄마의 기대와는 전혀 맞지 않을 수 있다. 자유로운 사고방식을 가진 홈스쿨 엄마들조차 두뇌 활동의 근본적인 의미가 무엇인지 잘 모른다.

홈스쿨을 하는 내 친구 제시에게는 집 근처 개울가에서 물고기의 이종 교배 방법을 터득한 딸이 있었다. 딸은 시행착오를 겪은 끝에 2종의 새로운 물고기를 교배시켰다. 그 이야기를 듣고 나는 대단하다는 생각이 들었다. 그래서 친구 딸의 그런 대단한 자연 학습 두뇌 활동을 칭찬했더니 되돌아오는 반응은 하소연이었다.

"하지만 우리 딸은 뭘 읽는 걸 싫어하잖아. 너희 가족은 셰익스피어 연극을 보러 가고, 시를 암송하고, 두꺼운 책을 읽고 그러는데 말이야. 우리 딸이 별로 똑똑하지 않은 것 같아 걱정이야."

정말로 그렇게 말했다. 나는 속으로 생각했다.

'우리 집 아이들은 물고기와 바다코끼리도 구분하지 못한다고!'

결연한 의지로 진득하게 노력해서 교과목마다 높은 점수를 받는 것을 진정한 두뇌 활동이라고 여기는 사람들이 얼마나 많은가? 한 온라인 게임의 업데이트 버전에 대해 불평하거나 상스러운 농담을 할 때 두뇌 활동 중이라고 여기는 사람이 있을까? 하지만 두 가지 경우 모두 통찰과 언어적 기지가 필요하다. 두뇌가 필요하다!

만약에 아이가 똑똑하지 않은 것 같아서 걱정된다면 '오늘은 어떻게 아이가 머리를 쓸 수 있게 해줄 수 있을까?' '내가 가볍게 보고 주목해주지 못한 아이의 두뇌 활동은 무엇이 있을까? 그것을 같이 해볼까?'를 자문해보자. 분명히 아이는 지금 이 시간에도 두뇌 활동을 하고 있다. 엄마는 그것을 발견해주는 것부터 하자.

11장

몸을 움직이고 행동하게 하는 것도
공부불꽃 당겨주기다

새로운 개념을 습득하거나 새로운 기량을 능숙하게 활용할 정도가 되려면
감각의 관여와 신체의 움직임과 행동하기가 필요하다.
Renate and Geoffrey Cain(뇌연구가이자 교육·공부 컨설턴트)

공부 불꽃을 당겼다!

공부한 것을 잊어버리지 않도록 돕는 신체 활동 방법이 있다. 예를 들어, 우리 집 막내가 10부터 거꾸로 숫자 세기를 배울 때 우리 가족은 일명 '발사'라는 학습법을 활용했다. 아이 두 명이 의자에 올라가 서고 그 앞 바닥에는 소파 쿠션을 깔아놓았다. 그다음 내가 "10부터 거꾸로 숫자 세기!"라고 말하면 아이들이 이렇게 외쳤다.

"10, 9, 8, 7, 6, 5, 4, 3, 2, 1, 0! 발사!"

그 순간 아이들은 공중으로 점프했다가 그 아래의 쿠션 구름으로 착지했다.

이 공부법은 하다보니 아주 재미있어서 얼마 후에 퍼뜩 드는 생각이 있었다. 아이들에게 이런 식으로 달(月), 계절, 요일, 집 주소 등의 단순반복 암기거리를

잔뜩 가르칠 수 있을 것 같았다. 두 녀석은 점프를 하고 나면 다음 암기거리를 위해 다시 의자로 기어올라갔다.

"1년의 12달을 말해봐!"

이렇게 요구하면 아이들은 암송을 한 뒤에 '발사!' 하며 다시 뛰어 내렸다. 암기에 신체 활동을 결합하니 공부불꽃을 아주 효과적으로 당겨줄 수 있었다.

원반이나 라크로스 공을 던지거나 줄넘기를 하면서 구구단을 암송하기, 나무에 올라가서 클립보드에 종이 받쳐놓고 역사 쓰기 수업, 수학 교구를 가지고 놀며 분수 배우기 등도 신체 활동으로 학습을 촉진시키는 방법이다. 현미경 활용, 파이 만들기, 종이접기, 지문감식 키트 등은 해당 주제를 글로 읽는 것보다 아이들이 훨씬 더 끌리고 재미있어 한다. 보드게임과 카드놀이 역시 몸을 활용해서 가르치고 배우기에 유용하다.

몸을 움직이는 것도 공부불꽃을 당긴다

장담하건대, 이 글을 읽으면서도 가만히 있지 못하고 자주 몸을 꼼지락거리는 사람들이 있을 것이다. 나도 그렇다. 그러니 집중했으면 좋겠는 순간이나 시간에 몸을 꼼지락대며 움직이는 것이 자연스러운 아이들도 있음을 인정한다. 다행스럽게도 그런 아이들의 몸의 움직임에 대해 어른들이 많이 관대해졌다.

시사보도 프로그램 〈60분(미국 CBS TV 계열의 심층 시사 보도 프로그램)〉에 따르면, 초1 학년 교사들이 수학 개념을 가르치려고 공을 주고받거나 박수 치기 놀이를 한다. 연구를 통해 증명됐는데, 아이들은 책상과 붙어 있는 딱딱한 플라스틱 의자에 앉아 있을 때보다 이런 놀이 식 수업을 할 때 교사에게 더 잘 집중한다.

몸은 에너지를 소모한다. 홈스쿨은 몸을 움직이고 싶어 하는 아이의 욕구를 포용할 수 있다는 큰 장점이 있다. 우리 집 아이들은 수업 시간에 화장실에 가고 싶으면 허락받지 않고 일어서서 화장실로 향한다. 배가 고프면 쉬는 시간이나 점심시간까지 기다리지 않고 과자를 집어 먹어도 된다. 공부에 도움이 된다면 팔다리를 쭉 뻗거나 일어서거나 탁자 밑으로 들어가 앉아서 수학 문제를 풀어도 된다. 홈스쿨이기에 몸이 원하는 대로 관대하게 포용해줄 수 있는 것이다. 몸이 움직이고 싶은 대로 자유롭게 풀어주면서 공부불꽃을 당기는 모습을 상상해보라. 멋지지 않은가!

집중력을 높이려면 몸을 쉬게 해주거나 움직이게 한다

한 엄마가 나에게 상담 전화를 했다.

"딸이 소파에서 고양이를 쓰다듬으며 글씨를 쓰겠대요. 그러면 손 글씨를 제대로 쓸 수 있을까요? 걱정되네요."

나는 "잃을 것도 없는데 한 번 해보세요."라고 답변했다.

그 이후 이메일로 사진을 한 장 받았다. 사진 속에서 한 꼬마 숙녀가 퀼트 이불로 몸을 푹 감싸고 고양이를 쓰다듬으며 행복한 표정으로 글씨를 쓰고 있었다.

아이의 공부불꽃을 당겨주고 싶다면 이렇게 물어보라.

"지금 뭘 하면 집중이 더 잘 될 것 같아?"

그다음에 어떻게 몸을 움직일지 구체적으로 권해보자. 다음과 같이 말이다.

- 레모네이드 해줄까?
- 햇볕 좀 쬐며 앉아 있을래?
- 시끄럽게 하는 아기 소리가 안 들리게 헤드폰 낄래?
- 간식 먹을래?
- 딱딱한 나무 의자 말고 푹신한 의자에 앉아서 할래?
- 의자를 높이거나 책상을 낮춰서 더 편한 높이로 맞춰줄까?
- 앉아서 말고 서서 할래?
- 바닥에 누워서 클립보드에 종이 끼워놓고 할래?

책상에 앉아 공부하라고 강요하는 홈스쿨 가정이 많다. 또 한 엄마는 나에게 전화를 걸어서 이렇게 말한다.

"아이가 한 시간도 채 진득이 앉아서 글을 쓰지 못해요."

다양한 교육 연구 논문에 따르면, 대다수 아이의 평균적인 집중력 지속 시간은 지금 현재 유아동의 나이에 1분을 더한 숫자라고 한다.

즉, 여덟 살짜리 아이의 집중 시간은 9분이라는 말이다. 이 계산법대로 고등학교 2학년생의 집중력 지속 시간을 예상해보자. 열여섯 살의 아이는 17분이다. 그러니 어떤 아이도 한 시간 동안 집중해서 글을 쓰기란 쉽지 않다. 아니, 마법에 걸린 듯 공부불꽃을 당긴 경우가 아니라면 거의 불가능에 가깝다. 사실 한 시간 동안 쉬지 않고 글을 쓰는 일은 전업 작가도 해내기 어렵다.

우리가 자신에게 더 열심히, 더 오래 노력하도록 밀어붙일 때조차 뇌는 집중 상태에서 벗어난다. 전화 통화가 너무 길어져 상대방의 말을 중간에 놓칠 때를 생각해보라. 전화 통화를 하다가 중간에 자세를 바꾸거나, 열심히 하던 일을 멈추고 휴대전화 문자에 답하거나 샤워하는 경우도 있다. 앉아서 강의를 잘 들어야 하는 상황에서조차 머리가 다른 길로 빠진 걸 알아차리고 속마음은 이렇게 외친다.

"어떡해! 제대로 못 들었잖아."

아이들도 나름대로 그런 틈을 가진다. 음악을 듣거나 바닥에 눕거나 몸을 움직여 집중력을 다시 모으려고 한다. 내 아이의 집중력 지속 시간이 너무 짧다고 생각되면, 일단 받아들이고 방법을 찾자.

나는 몸을 쉬게 해주거나 몸을 움직이게 하는 것을 추천한다. 직원들에게 요가 매트, 낮잠 공간, 서서 달리면서 일할 수 있는 러닝머신 책상, 동료와 잡담을 나누는 커뮤니티 공간을 제공한 유명 IT 기업이 있다. 사람의 생산성은 집중력→몸의 휴식→재집중 사이클이 얼마나 잘 유지되는지와 연관되어 있다는 매스컴의 최근 보도를 보고 파격적으로 실천한 사례다.

트라우마 환자들을 위해 신경학 프로그램을 개발한 조슈아 맥닐 Joshua MacNeill은 아이들은 누구나 수업 시간 중간중간에 뇌 휴식을 통해 공부에 도움을 받는다고 했다.

"뇌를 안정시키거나 각성시키거나 집중의 각오를 다져주면 학생들은 뇌에 정보를 처리할 기회를 제공한다. 동시에 다음 정보 주입을 위해 뇌를 준비시킨다."

맥닐이 쓴《Brain Breaks and Brain Based Educational Activities(뇌 휴식과 뇌 기반 교육 활동 101가지)》에는 풍선껌 불기와 허밍 같은 호흡 운동, 비밀 악수(구성원의 친목 도모를 위해 사용하는 특별한 악수법. 대학 친구나 가족 간에도 활용)와 바닥에 테이프를 붙여놓고 체조의 평균대라고 상상하며 걷기 같은 활력 충전 휴식 등이 소개되어 있다. 이런 식으로 몸을 쓰면 아이들의 총 집중 시간을 더 늘릴 수 있다. 휴식으로 중간중간 끊기며 작은 단위로 쪼개져 있더라도 어쨌든 총 시간이 늘어난다.

몸을 위안하면 머리가 맑아진다

몸은 위안을 갈망한다. 따뜻하고 부드러운 조명은 학습 수용력을 높여준다. 애니메이션을 보다가 뭔가를 깨닫는 순간, 옆에 전구 켜지는 그림이 그려지지 않는가? 형광등 불빛은 아이들에게 두통을 유발할 수도 있다. 스탠드 불빛이 너무 침침하거나 조명이 병실같이 차갑지 않도록 신경을 써주자.

적절한 조명은 학습을 수용 능력을 높여준다. 한쪽 구석에 담요, 바구니, 작은 스탠드를 놓아두면 책 읽기가 얼마나 중요한지에 대해 온갖 잔소리를 하는 것보다 더 효과적으로 책 읽기를 유도해주기도 한다. 아이들은 침대에서 손전등을 들고 책 읽기를 정말 좋아한다.

우리 집 아이들이 글쓰기 시간에 싫증 낼 때는 도중에 중단시키기보다는 분위기를 바꿔줬다. 탁자 한가운데에 촛불 하나를 켜면 아이들이 바로 모여들었다. 아이들에게 양초 하나씩을 나눠주기도 했다. 촛불을 켜놓으면 긴장되어 있는 몸을 풀어주는 데도 도움이 된다. 성냥을 켜서 불을 붙이고 깜빡거리는 불빛을 바라보고 그 불 속으로 손가락을 재빨리 휙 스치며 장난을 치다가, 한 단락의 문장을 다 옮겨쓰고 난 후 불을 끄면 몸에 안락감이 생겨 아이들이 힘들어하는 글쓰기를 할 힘을 얻고는 했다.

몸의 긴장이 나긋나긋 풀려 공부하기에 적절한 상태로 유도해주는 방법은 많다. 화기애애한 분위기의 조명 연출 외에 다음 방법들도 시도해보자.

- 맛있는 간식 먹기
- 색색의 펜, 테이블보, 머그잔, 배너, 티포트, 공책 등을 활용하기
- 겨울에는 실내 온도를 따뜻하게 높이고, 여름에는 시원하게 낮춰주기

- 향초를 키고 잔잔한 음악이나 자연의 소리 듣기

- 아이의 등을 긁어주거나 손 마사지, 포옹 등의 스킨십

- 목 돌리기나 어깨 주무르기 등과 같은 약간의 스트레칭

- 욕조에 물 담아놓고 놀기

- 바닥에 드러눕기

몸이 행복하면 머리가 맑아진다. 그렇게 되면 공부에 도움이 되는 것은 당연지사다. 집이 학습공간인 홈스쿨의 이점을 살려 공부할 때는 몸풀기 → 집중하기 → 휴식하기 활동을 반복해보자.

두, 비, 두(Do, Be, Do)

두(Do) : 몸풀기(등 주무르기, 꼭 안아주기, 눈 맞춰주기, 손 마사지, 하이파이브)

비(Be) : 집중하기(연령에 1분을 합한 시간 동안 학습 활동에 집중하기)

두(Do) : 휴식하기(간식 먹기, 장소 바꾸기, 트램펄린 뛰기, 온라인 게임, 뇌 휴식하기)

그럼에도 불구하고 아이가 공부하기를 지루해하면 엄마는 "학습 분위기를 높여줄 다른 방법은 없을까?" "내가 오늘 아이의 휴식이나 위안을 위해 무엇을 챙겨주었지?"를 생각해보자. 또 다른 공부불꽃 당겨주기의 방법이 떠오를 것이다.

12장
아이가 공부를 위한
최적의 마음 상태인지 파악할 것

내가 몇 년 전부터 해온 얘기지만,
우리는 생각과 느낌이 서로 분리되지 못한다는 것이 문제다.

John Holt(미국의 교육개혁가)

 **공부 불꽃을 당겼다!**

조안나가 로맨스 소설 읽기에 빠졌을 때, 나는 유치하다거나 질이 낮은 작품들을 가까이하지 말라고 폄하하지 않았다. 결국 조안나는 나중에 직접 소설을 쓰는 경지까지 이르렀다.

캐트린이 패션에 관심을 가지게 되었을 때 우리 부부는 유명 잡지를 구독하게 해주었고 패션 용어를 훤히 꿰도록 철자 목록표도 만들어주었다. 캐트린은 맞춤형 철자 목록으로 보고 옮겨 쓰기와 받아쓰기를 연습한 덕분에 패션 블로그까지 운영하게 되었다.

내 아이가 속한 축구팀이 연습을 하고 있다고 생각해보라. 코치가 승리의 비결을 알려주고, 아이들은 제 기량을 한껏 뽐내며 연습에 연습을 반복한다. 아이에게 코치와 감독, 우리 편 이렇게 모두 있으면 축구에 대한 애착이 더욱 생기듯이 공부도 마찬가지다.

엄마는 아이가 원하는 공부를 할 수 있도록 학습 코치가 되어주자. 그것이 공부 불꽃을 당겨주는 길이다.

사랑으로 유대하자

사랑으로 유대하는 것은 아이가 공부할 때 심장과 같은 역할을 한다. 학습 과목에 대한 애착, 교사에 대한 애정, 자아만족감, 자아발견의 기쁨이 학습력을 키우는 데 가장 중요한 요소다. 교육은 우리 아이들이 사랑에 빠질 때 활개를 편다. 이미 살펴봤듯이 아이의 열정은 필수 교과목 목록의 주제로도 자연스럽게 이어진다.

아이의 노력에 공감해주고 힘이 되는 말로 격려해주자. 동지애, 공통 목표, 진전을 이룬 축하를 통해 엄마와 아이 간의 유대를 키우자. 스포츠, 연극, 발레, 과학 등을 협동 학습으로 하든 글쓰기 지원단을 찾아주든 필요하다면 아이의 공부불꽃을 당겨줄 또 다른 어른 코치들의 힘도 빌려오자. 아이의 삶에서 코치와 우군은 신성한 선물과 같은 역할을 한다.

완전 습득이 도전보다 중요하다

때때로 엄마는 아이 코칭에서 실수를 저지른다. 아이가 공부하기를 너무 행복해하면 의혹을 품는다. 지금까지 나는 단지 아이들이 척척 해나간다는 이유로 효과적인 프로그램을 팽개쳐버리면서 평화롭게 잘 되어가던 홈스쿨을 엉망으로 만드는 가족을 여럿 보았다. 이것은 새로운 커리큘럼이랍시고 이른바 '홈스쿨 수류탄'을 평온한 거실로 던지는 것과 같은 행위다.

수업 진도가 척척 나가면 애착 관계가 활짝 피어나고 힘든 공부 과정을 극복하며 즐거움도 찾아온다. 아이들에게서 새롭게 발견한 능력을 과목 공부에 적용해보기도 한다. 하지만 아이들은 새로운 도전에 맞서기 전에 자신의 능숙함을 즐길 시간이 필요하다.

엄마가 아들에게 두발자전거 타는 요령을 가르친다고 상상해보라. 아이가 균형을 잡을 줄 알게 되어 마침내 자전거로 길거리를 달릴 수 있게 된 그 순간, 엄마가 간신히 익숙해진 두발자전거를 빼앗고 외발자전거를 주며 이걸 타라고 한다면 아이의 기분이 어떻겠는가? 공부에 대해 심적으로 유대를 느끼려면 완전 습득이 관건이다. 쉽고 확실하게 해낼 줄 알기 위해서는 습득한 것을 실컷 즐길 만한 시간을 주어야 한다.

아이마다 하다보니 점점 나아지는 과목이 있고, 초반에만 일시적으로 잘하는 과목도 있다. 모든 과목이 공부하는 매 순간 즐겁지는 않다. 하지만 아이가 아주 좋아하는 몇 과목과 관심 분야에 친밀하고 유대감 있는 애착을 형성한다면 이로 인해 얻는 행복이 아이의 나머지 다른 교과목 교육에까지 영향을 미친다. 한 분야에서의 성공과 기쁨은 한창 배우는 아이에게 더 어려운 일들도 해낼 기운을 북돋워준다.

도전, 능숙, 의미 사이에서 균형 찾기

도전은 아이의 관심을 붙잡아준다. 학습의 첫 시도가 실패하면 도전에 맞서려는 의지가 증발해버린다. 아이는 적절한 수준의 도전에 끌린다. '적절하다'를 판가름하는 기준은 아이가 자신의 자질을 발견하는 데 도움이 되는 수준에 도달한 시기에 두면 된다.

능력이 싹트는 느낌은 아이를 앞으로 나가게 해준다. 글씨 쓰기를 처음 해봤는데 눈앞에 확실한 모양이 보이고, 콩의 개수를 세서 확인해보니 머릿속으로 계산한 2+2=4가 맞았으며, 온라인 게임에서 레벨 1을 깨고, 피아노 건반을 양손으로 동시에 치게 되는 마법과 같은 순간 새로운 시도를 시작하는 아이를 격려하라. 그러면 아이는 끈기 있게 해나가는 힘을 얻는다.

아이는 한계를 넘어서야 한다는 압박에 구속받지 않으면 자연스럽게 시도하는 일에서 의미를 만든다. 가령 편지를 쓰거나 메모를 남기도 하고, 피아노로 곡을 만들거나 좋아하는 곡을 외워서 연주하기도 한다. 한마디로, 아이에게 의미란 개인적인 목표를 위해 기량을 활용하는 능력이라고 할 수 있다.

정겨운 가정 분위기는 공부불꽃을 지탱시켜주는 토대다. 그만큼 부모, 프로그램, 생활 공간도 중요하다. 아이의 능력을 싹틔우기 위해 다음과 같은 원칙을 잊지 말기를 바란다.

첫 번째, 아이의 노력을 존중해주고 잘 도와주기. 두 번째, 아이의 흥미를 끄는 프로그램을 활용하게 하기. 세 번째, 아이가 새로운 도전할 거리를 찾으면 난이도 높여주기. 네 번째, 자신 없는 과목을 지도해줄 열의 있는 어른 코치를 찾아주기다.

더불어 지도 관계보다 코칭 관계를 촉진하기 위해 엄마는 아군으로 아이와 동행해주자. 다정한 응원과 격려가 애정이 깃든 관계로 이끌어준다는 점을 상기해라. 다음과 같은 엄마와의 유대 강화 단계가 아이의 학습 활동을 가속화시켜줄 것이다.

1. 아이에게 어떻게 하는지 시범 보여주기

2. 아이와 함께 연습해주기

3. 새로운 기량을 연습해볼 시간과 기회를 넉넉히 주기 : 쉽고 기분 좋은 단계를 반복한다. 연습한 기량을 다양한 환경에서 활용한다.

4. 아이가 잘하는 것을 눈여겨봐주며 이야기해주기

5. 부정적인 말은 하고 싶어도 참기 : "여섯 문제를 틀렸네" "어떻게 하는

건지 요령을 이제 알 때도 됐잖아"이런 말은 금물이다.

6. 틀린 부분을 직접 메모해두었다가 다른 날 다시 다뤄보기

7. 좋아진 실력을 칭찬해주기

8. 아이가 학업 기량을 개인적으로 응용해서 활용한 것을 칭찬해주기: "블로그 글을 어쩜 이렇게 잘 썼어!" "네가 이야기를 너무 잘 써서 작품 속 주인공이 이번에는 무슨 일을 겪을지 너무 궁금해" 이렇게 구체적으로 칭찬하면 더욱 동기부여가 된다.

9. 아이가 공부에 즐거움을 느끼는 모습을 바라보며 흐뭇해하기

13장

도덕적인 명분 속에
공부 불꽃이 있다

아이들에게 무엇을 해주는가에 따라
한 사회의 도덕성을 알 수 있다.

Dietrich Bonhoeffer(신학자·작가)

공부 불꽃을 당겼다!

조안나가 사춘기에 접어들었을 무렵의 어느 날, 채식주의자가 되고 싶다고 밝혀서 나를 깜짝 놀라게 했다. 그 무렵 조안나는 동물의 권리를 중요하게 여기며 세상을 변화시키고 싶어 했다. 반면에 우리 집 네 아이와 남편은 추수감사절 만찬으로 아무런 죄책감 없이 두부칠면조Tofurkey를 먹었다.

내 친구들은 조안나의 이야기에 너무 함몰되지 말라고 충고했다. 한 아이 때문에 가족의 식습관을 바꿀 필요는 없는 것 아니냐고 말이다. 하지만 조안나가 막 눈뜬 연민이 어떤 마음인지 나는 잘 알았다. 나도 대학생 때 세계의 기아 문제를 적극적으로 의식하게 된 적이 있었기 때문이다.

윤리적인 책임에 대한 각성은 청소년의 강력하면서도 건전한 발달지표다.

나는 조안나가 그런 책임감에 불붙는 모습을 보고 감동해서 더욱 부채질해서 불길을 키워주고 싶었다.

남편과 나는 타인에게 관심을 갖는 배려능력을 아이들의 읽기와 쓰기, 계산, 연산 능력만큼이나 중요한 교육이라고 믿었다. 물론 평생을 살다 보면 신념이 변할 수도 있기 마련이라는 생각도 한다. 내가 그 순간 가장 중요하게 여긴 장점은 따로 있었다. 딸아이가 자신의 이상에 맞춰 살며 윤리적인 책임과 개인적인 행동을 일치시킬 때 삶에 긍정적인 영향을 받는다는 점이다.

아이가 도덕적이기를 바란다면

교육 혁신가 아서 코스타Arthur Costa는 학생들은 교사들과 부모의 모순을 금방 알아차린다고 말했다.

어린아이들은 행동, 감정, 태도, 가치의 대부분을 직접적인 가르침을 통해서가 아니라 어른과 또래 모두를 모델로 삼아 흉내내면서 습득한다. 학생들은 오로지 관찰을 바탕으로 새로운 행동 패턴을 채택하거나 자신의 행동을 수정한다.

아이에게는 엄마의 가장 자연스러운 행동이 가장 진실된 모습으로 전해진다. 엄마가 공감 능력이 뛰어나고 베풂을 당연하게 여긴다면, 아이는 그런 행동을 따라 할 것이다. 엄마의 말과 행동이 일치하지 않을 때는 어떨까? 아이는 말보다 행동하는 엄마에게서 진실성을 발견할 것이다.

엄마인 당신은 공평한 사람인가? 친절한가? 아이의 행복을 중요하게 여기고 있다는 것을 실제 행동으로 보여주고 있는가? 엄마가 모범을 보여주지 않으면서 아이가 남들을 공평하고 친절하게 대하기를 바라는 것은 무리고 욕심이다.

아이가 경청할 줄 알고 배려심이 있기를 바라는가? 아이의 생각에 귀 기울이고 관심을 가져주어라. 아이가 자신의 장난감을 친구들과 함께 가지고 놀기를 기대한다면 엄마가 먼저 물건을 이웃과 나눠 쓰는 모습을 보여야 한다.

홈스쿨 도입 초반, 몇몇 선도자들은 아이에게 삶이 공평하지 않다는 것을 알게 해줘야 한다고 부모들을 가르쳤다. 그래서 어느 아버지는 감사하는 마음을 가지는 것은 의무라고 권위적으로 말하며 여섯 명의 자녀에게 양을 서로 달리해서 아이스크림을 나눠주었다. 권위자인 아버지가 몇 명의 형제를 불공평하게 대하면, 아무리 철학적인 뜻에 따라 그랬다고 해도 아이는 그를 신뢰할 수 없다. 아버지가 다른 형제들에게는 많은 양의 아이스크림을 주면서 왜 자신에게는 그와 똑같이 주지 않는 것인지 의아해할 뿐이다.

10대 아이의 신념이 위태롭다고 여겨진다면, 세심한 관심이 필요하다. 그 심취 대상의 근원을 추적해볼 필요가 있다. 예를 들어, 채식주의같이 아이의 신념이 불편하거나 그러지 않기를 바라는 마음이

라면 스위스의 심리학자이자 정신적 지도자인 폴 트루니Paul Tournier
가 저서 《모험으로 사는 인생L' Aventure de la Vie》에서 제안한 개념에
귀 기울여 보기를 바란다. 그에 따르면, 청소년이 부모로부터 자신
을 개별화하는 방법 중에 하나는 부모의 신념을 수정하는 것이라고
한다. 자식은 부모의 가치를 본떠 자신의 가치를 형성하는 경향이
있지만, 대체로 새로운 방식으로 본뜬다. 부모와 다른 종교를 가지
거나, 다른 정치적 명분이나 정당을 택하거나, 스스로 선별해낸 사
회적 쟁점에 관심을 드러낸다. 그런 명분의 내용보다 더 많은 관심
을 가져주는 일에 집중하는 것이 부모의 임무다.

도덕적 상상력으로 공부불꽃 당겨주기

대다수 대학에서 학생들이 '문학과 도덕적 상상력'이라는 강의를 수
강한다. 이 강의의 목표는 무엇일까? 친숙하거나, 친숙하지 않은 경
험을 두루 아우르는 다양한 관점을 접해서 자신만의 가치관을 형성
하게 만드는 것이다.

홈스쿨의 매력 중에 손꼽히는 것은 이런 가치관 형성을 아동소설
로 시작해서 고등학생을 거쳐 대학생이 되었을 때까지 쭉 이어갈 수
있다는 것이다. 이것은 내가 홈스쿨을 선택한 가장 주된 이유 중에
하나다. 독서를 통해서 공감력을 키울 기회를 얻고 싶었다.

도덕적 상상력이 촉진되면 어떤 직업을 선택하든 책임감과 배려심이 생긴다. 또한, 사람들을 도덕적으로 대하도록 유도해준다. 타인의 행복감에 감정이입하는 능력은 역사, 정치, 과학 공부와도 연관성이 높다. 역사를 통해 과거의 교훈을 배우고 현재의 도덕적 딜레마를 깨닫는다. 이런 깨달음은 어린아이들이 과거의 유산을 이해하고 현재 벌어지는 여러 가지 역사적 사건들에 의미 있고 책임감 있게 대응할 기틀을 갖추는 데 매우 중요하다.

아이의 도덕성을 발달하게 하는 방법은 사랑이다. 도덕성 발달은 사랑으로 시작해서 사랑으로 끝난다. 먼저 아이에게 사랑을 베풀자. 아이를 도와주고, 이야기를 들어주고, 항상 너그럽게 대해라. 내 경험상 엄마는 아이에게 어떠한 행동을 하는 이유가 너를 사랑하기 때문이라고 설명하는데, 그것은 바람직하지 않다. 그것은 사랑이 아니다. 예를 들어, "매를 드는 이유는 너를 사랑하기 때문이야"라는 식이다. 아이는 자신이 사랑다운 사랑을 받을 때 그리고 사랑받는다고 느낄 때 '사랑받고 있다'라고 생각한다. 매는 사랑과는 이질적이라서 아무리 사랑 운운하며 매를 들어도 아이는 사랑받고 있다고 느끼지 못한다. 아이에게 사랑다운 사랑을 계속 준다면, 어느 순간 아이는 사랑을 줄 줄 알고 도덕성이 발달할 것이다.

그다음으로 아이에게 타인에 대한 엄마의 사랑을 보여준다. 절친을 믿어주고, 이웃에게 관심을 갖는 엄마, 지역사회에 필요한 것이 무엇인지 생각해보는 엄마, 자연재해와 인권 문제 등에 대해 이야기하는 엄마, 질병으로 바깥출입을 못하는 사람들을 돕고 싶어 하는 엄마, 특정 명분을 위한 모금 활동에 나서는 엄마를 보면 아이는 그 모습을 닮으려고 한다. 실질적으로 도움을 베푸는 엄마가 되자. 자원봉사와 모금 활동을 하고, 이웃에 사는 연로한 어르신들이 혹시라도 미끄러질까봐 염려해서 길거리에 쌓인 낙엽이나 눈을 치우고, 평화 행진을 위해 종이학을 접고, 병원에 입원한 친구를 문병하고, 동물 보호소의 개들을 산책시켜주는 등 사랑과 베풀기를 아이와 함께 실천해보자.

도덕적인 명분 속에 공부불꽃이 있다

아이의 선택을 존중하고 명분을 적극적으로 지지하는 엄마가 돼라. 아이가 채식주의자라면, 엄마는 그를 지지하기 위해 채식 요리책과 채소들을 구입한다.

우리 가족이 가난한 외국인 아이를 후원하고 있다고 가정하자. 후원하고 있는 그 아이의 사진을 집 안 잘 보이는 어딘가에 붙여두고 가족들과 이야기를 나어보는 것은 어떨까? 가난과 굶주림, 그곳의 아이들에 대해서 열띤 토론을 벌여보는 것이다. 또한, 시간을 정해놓고 온 가족이 다큐멘터리를 시청하는 것은 어떨까? 아무리 가족 간이라도 해도 다큐멘터리의 내용에 대해 동의하는 입장과 반대하는 입장으로 나뉠 수 있다. 의식적으로 생활 속에서 가족들이 함께 본 다큐멘터리의 주제를 찾아보는 것은 어떨까? 이런 명분이 역사, 윤리, 종교, 정치, 문학과 상호관계로 연결되어 있다. 그러니 명분 자체가 공부불꽃을 당겨주는 매개체가 된다.

명분으로 공부불꽃을 당겨주는, 오늘 당장 실천할 수 있는 손쉬운 방법이 있다. 아이와 같이 영화를 보고 책을 읽으면서 일단 명분을 만드는 것이다. 그리고 나서 엄마와 아이가 다른 사고방식을 내놓고, 그에 대해 진지하고 흥미진진한 대화를 나눈다. 이 간단하면서도 즐겁고 엄마와 아이 간에 사랑까지 싹틔우는 확실한 공부불꽃 당겨주기를 꼭 실천해보기 바란다.

제 3 부

과목별로
공부불꽃 당기는 법

14장
12가지 슈퍼파워가
학습에 마법을 건다

가정이 수행해야 할 가장 중요하고 가치 있는 역할은
학교보다 더 훌륭한 학교가 되는 것이 아니다.
전혀 학교가 아니어야 한다.

John Holt(미국의 교육개혁가)

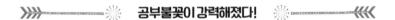
공부불꽃이 강력해졌다!

1990년대의 어느 날, 나는 아침을 먹으며 아이들에게 도서관에서 빌려온 책을
펼쳐놓고 조랑말 속달우편(미국의 개척시대에 서부에서 말을 타고 하던 우편 배달)
이야기를 읽어주었다. 노아(그때 7세)는 그 이야기를 듣고 의욕이 생겨서 조랑말
흉내를 내며 서로에게 우편물을 배달해주면 어떠냐고 물었다. 조안나도 맞장구
를 치며 끼어들었다. 조랑말 되어보기를 할 거면 자기의 절친 에바도 같이하고
싶다고 했다. 에바의 엄마 도티의 아이들을 즉흥 조랑말 속달우편 체험 놀이에
초대하려고 나는 얼른 전화기를 집어들었다. 도티의 아이들은 그날 문법 공부
를 땡땡이쳤다. 이웃의 두 집에도 전화를 걸었는데 다들 홈스쿨 스케줄을 포기
하며 초대에 응했다.

우리는 백팩을 매고 종이와 연필을 챙겨서 자전거와 유모차를 끌고 밖으로 나왔다. 다들 종이에 유치한 내용의 짤막한 편지를 휘갈겨 썼다. 그렇게 쓴 편지를 봉투에 집어넣고 받을 친구의 주소를 적었다. 그리고 아이들에게 각자의 우체국 사무소를 배정해주었다.

"안나, 저쪽에 자리를 잡으렴."

"에바는 자전거를 끌고 안나에게서 91미터 떨어진 곳으로 가면 되겠다. 백팩 잊지 말고 잘 챙기고!"

"노아, 너는 저기 막다른 골목으로 자전거 끌고 가."

그런 식으로 모두 배정하고 나니 금세 아이들이 최대한 빨리 백팩 속 편지를 서로에게 전달해주려고 열심히 달렸다. 자전거 여러 대가 쌩쌩 지나다녔다. 우편배달은 한 번만으로 끝나지 않았다. 다들 신이 나서 편지를 다시 썼고 내용은 더 유치해졌다. 걸음마쟁이와 갓난쟁이 아이들은 자전거가 쌩쌩 지나가면 꽥꽥 소리를 질러댔다. 나와 친구들은 서로 교대로 조랑말 속달우편 체험이 그 원형 구역 내에서 원만히 진행되게 챙겨주면서 넘어진 아이를 달래주고 피 나는 무릎에 밴드를 붙여주었다. 매번 속도가 빨라졌다. 아이들은 편지 전달에 점점 자신감이 붙는 듯했고, 이내 막힘없이 잘 해냈다. 또한 자신의 배달 시간 기록을 깨면 하이파이브를 하면서 깔깔 웃었다. 이번에는 자기 차례가 되게 해달라고 졸라서 기어코 자리를 배정받기도 했다. 뜻하지 않게 파티도 벌어졌다. 조랑말 속달우편 체험 참가자들이 녹초가 되고 허기가 지자 잔디밭에서 점심 파티를 벌인 것이다.

순전히 옛 시대의 이야기가 실린 책 내용에 자극받아 돌발적으로 이루어진 체험학습이었다. 조랑말을 바로 대체 가능한 자전거로 바꾼 이 체험학습을 통해, 아이들은 긴급한 편지를 한곳에서 다른 곳으로 급히 전달하는 과정을 배웠다. 이에 수반되는 여러 가지 체험을 간단한 방법으로 접해보기도 했다. 우정을 느끼고, 스톱워치를 사용해보고, 편지를 써보고, 편지봉투에 주소도 적어봤다. 협력을 체험하며 운동도 했다. 미국의 1800년대를 느껴보기도 했다. 많은 것을 배우면서 신나게 놀기도 했다. 이런 체험에 필요했던 것은 오로지 오전 수업을 땡땡이칠 의지 하나뿐이었다.

그렇다고 해서 이런 조랑말 속달우편 체험 같은 즉흥적이고 창의적인 활동을 매일매일 벌이라는 것은 아니다. 솔직히 나도 그렇게 하지 못하는 날이 더 많다. 다만, 엄마가 실행하기가 덜컥 겁이 나서 이런 일을 그저 우연에 의한 공부였다고 정리하고 넘어가지 않았으면 한다. 이런 마법 걸림 같은 일이 종종 이루어질 여지를 열어놓았으면 좋겠다.

12가지 슈퍼파워의 강력한 힘

지금까지 12가지 슈퍼파워들을 살펴보았다. 다시 말하지만, 적용하기가 관건이다. 이 중에서 놀라움과 신비로움은 어린아이들의 공부 불꽃을 당겨줄 때 막강한 힘을 발휘한다. 위험과 모험은 10대에게 잘 맞는다. 일단 내가 제안한 12가지 슈퍼파워를 적용해보면 그 외의 다른 방법들도 무수히 생각날 것이다. 장담한다!

나는 '마법 걸림'이라는 말이 정말 좋다. 이 말은 주문을 걸어준다. 어쩐지 좋은 일이 생길 것 같은 기대를 품게 해준다. 적어도 내 마법 걸림이 좋은 마법이길 바라게 된다. 나도 나쁜 마녀의 마법은 싫기 때문이다. 그런데 가끔씩 학교 제도가 그런 저주처럼 느껴진다. 학습의 마법을 제거해버리는 것 같다.

엄마는 아이가 집중해서 행복하게 공부하는 학습의 세계로 마법처럼 이동하길 기대한다. 그런 마법 같은 이동을 보면 이 상황이 앞으로도 계속되길 바란다. 공부불꽃을 당겨주고 일으켜주고 싶어서 기를 쓰게 된다.

"마법에 걸린 학습이 일어나게 해줄 테야!"

그러나 아무리 기를 써도 그렇게 되기란 쉽지 않다. 그러다가 휙 그 순간이 찾아왔다! 마법의 지팡이를 휘두른 것처럼 주문에 걸린 모든 이들을 순식간에 만족스럽고 생기 넘치는 행복으로 데려가는 마법 걸림의 순간이! 조랑말 속달우편 체험도 그런 순간에 속했다. 내가 어떻게 반응하냐에 따라 마법 걸림은 일어나지 않았을 수도 있다. 아이들에게 걸린 마법을 묵살했다면 말이다.

아이의 조랑말 속달우편 체험학습을 해보자는 말에 스케줄을 강요했다면 어땠을까?

"노아야, 지금 우리가 조랑말 속달우편 체험 같은 걸 할 시간이 없어. 11시에 받아쓰기 시험을 봐야 하잖아. 캐트린도 낮잠을 자야 하고."

현실성을 따지며 나무랐다면?

"홈스쿨 하는 다른 가족들을 방해해선 안 돼."

신경질을 부렸다면 어땠을까?

"딴전 좀 피우지 마! 수학 문제지 풀기 싫어서 그러는 거 아니냐?"

이보다 나쁜 경우로, 아이의 말을 아예 묵살해버렸다면 상황은 어떻게 바뀌었을까?

"뭐? 말 같은 소리를 해라. 지금 조랑말을 어디서 구하니?"

그때 나는 스케줄표의 공부를 땡땡이치고, 다른 가족들을 방해하고, 검증되지도 않은 체험학습에 몇 시간을 투자해볼 만하다고, 그만한 보람이 있을 거라고 믿었다. 이에는 엄청난 용기가 필요했다. 다행히 해보니 정말로 내 믿음대로였다. 나는 아이의 놀고 싶어 하는 마음을 배우고 싶어 하는 열정의 증거로 받아들였다. 그래서 동네를 조랑말 속달우편 체험장으로 탈바꿈해 아이의 상상을 실현시켜주었다. 덕분에 행복하고 몰입감 있는 학습과 엄마와 자식 간의 유대 교육이 동시에 이루어졌다.

마법의 속성들은 바로 우리 코앞에 있다. 우리는 종종 깜빡하고 이런 막강한 우군을 끌어들이는 방법을 잊는다. 슈퍼파워는 학습에 마법을 건다. 이를 깨버리는 교육과 맞서서 즐거움, 활기, 상상력을 발현하도록 힘을 준다.

홈스쿨은 학교 교육과 크게 다르다

홈스쿨을 하는 부모들은 자신의 아이가 학교에 다니는 다른 또래들보다 더 잘하길 기대해서 하루라도 아이가 학업적 성취가 떨어지거나 공부를 지루해하면 내가 잘못 교육하고 있는 것은 아닐까 불안해한다. 이렇게 과한 자책을 하는 것 자체가 홈스쿨의 장애물이다.

내가 30년이 넘게 직접 생활해보고 연구해온 경험에 비추어보면, 홈스쿨은 가정생활과 동떨어진 독자적 활동이 아니다. 홈스쿨은 사는 곳이 아파트이든 단독주택이든 몽고 유목민의 이동식 천막집이든 간에 '가정 속의 생활'이다. 하루 24시간, 1년 365일 가정생활 속에 교육이 들어와 있다고 여기면 된다. 홈스쿨은 엄마가 개입하든 개입하지 않든 끊임없이 이어진다. 공부가 자연스럽고 필연적으로 이루어진다. 언제든지 아이의 공부불꽃을 당겨줄 수 있다.

내가 경험하면서 깨달은 바에 따르면, 원만히 진행되는 홈스쿨은 학교 교육과 크게 다르다. 내가 우리 집 아이들과 홈스쿨을 하며 가장 좋았던 날들에는 행운이 따라주는 듯 일이 풀렸다. 우연히 일이 잘 풀려가는 그런 기분이었다. 그런 날에는 학교 교육에서 말하는 공부를 한 느낌이 아니었다. 그저 신나게 논 것 같은 느낌이었다. 아이들은 더더욱 그랬다.

용기 있는 학습

커리큘럼에 따라 진도를 잡거나 학교 교과목과 연계시키지 않았던 그런 날들의 교육도 정당한 공부로 칠 수 있을까?

내가 짠 스케줄대로 아이들이 학습을 완수한 날에는 계획표에 체크 표시를 하며 만족감을 느꼈다. 하지만 일주일쯤 지나고 보면 아이들이 제대로 잘 배운 것인지 정확히 뭘 배웠는지 확신이 서지를 않았다.

'내가 읽어준 그 내용을 아이들이 아직 잊어버리지 않았을까?'

'분수 나누기가 문제집을 풀 때 이외에 생활 속에서 쓸모 있게 쓰일지 어떻게 확인할 수 있지?'

이런 의문이 꼬리에 꼬리를 물었다. 그 한 주의 주말에 따져보면 체크 표시를 한 날 중 단 하루도 공부를 제대로 했다는 느낌을 받을 수 없었다. 이게 제대로 교육하는 건지 확신도 생기지 않았다. 스케줄을 따르는 나는 '학교 교육이 신뢰성 높다'는 신념에 따라 행동했을 뿐이었다. 등급별 학습을 완수하기 위한 특정 계획을 실행하면 아이들이 좋은 교육을 받기 위해 필요한 모든 지식을 섭렵할 줄로 여긴 것이다.

나는 왜 진도를 잘 따랐다는 체크 표시를 하고 나서도 확신하지 못했을까? 아이들은 고분고분 교재의 진도를 맞추었는데 왜 그랬을까? 그 원인은 학습 기량을 제대로 훈련받지 못하거나 습득하지 못해서가 아니었다. 학교에서 이루어졌던 식의 시험 평가를 위한 기계적으로 진도를 빼느라 학습의 마법 걸림을 등한시한 탓이었다.

결국 아이들이 반기를 들었다.

"오늘 또 수학 공부를 해야 해요?"

"내가 엄마 나이의 어른이 되었을 때 과거분사를 모르면 큰일이 나나요?"

아이들의 솔직하고도 타당한 질문에 나는 어떻게 말해야 할지 난감했다.

나는 나 자신이 그런 맥 빠진 공부의 고삐를 쥐고 있으려고 할 때마다 그 반대로 방향을 바꾸려고 노력했다. 슈퍼파워를 알고 있었기에 가능했다. 확실히 최고의 교육은 내가 손을 뗄 때 일어났다. 언스쿨러들도 즐거움을 지향하는 공부가 보다 탄탄한 교육을 유도해준다고들 했다. 그래서 나는 아이들을 풀어주어야 한다는 생각이 들었다. 하지만 몇 주 후에 아이들이 방향을 못 잡고 헤매며 지루해하고 티격태격하는 모습을 보면서 또다시 속상해졌다. 언스쿨링이 마법을 부려줄 것이라는 신념에 따라 내가 손을 떼면 저절로 아이들이 자기주도적 학습을 펼치면서 학교에 다니는 또래들의 학업을 따라갈 줄 믿었는데 아니었다.

그때 정말 처참한 기분이었다. 홈스쿨의 철학에 철저히 놀림을 당한 듯했다. 어느 방향으로 돌아서든 충분히 잘하고 있지 않은 것 같았다. 내가 스케줄을 더 잘 꾸렸거나 아이의 출생 이후부터 쭉 언스쿨링을 했더라면 이런 철학의 방식이 효과가 있었을 것 같았다. 이제는 뭘 하든 늦었다는 자책감이 들었다. 노아가 다섯 살 때는 내가 왜 이런 교육 방식을 몰랐을까? 다른 사람들은 쉽게 하는데 왜 나는 이렇게 힘들까? 마음이 무너져 내렸다.

그런데 그런 최악의 상황에서 나는 보았다. 내 눈앞의 아이들이 눈부시도록 밝은 공부불꽃을 당기고 있음을. 교육신념 체계에 나 스스로를 끼워 맞추느라 급급했던 나머지 이미 내 눈앞에서 알찬 교육이 펼쳐지고 있었다는 사실을 자칫 놓칠 뻔했다. 알고 보니 아이들은 여러 연구가와 전문가가 칭하는 명칭대로 '자연스러운 학습'을 하고 있었다. 내 식대로 바꾸어 말하자면, 마법 같은 학습! 마법에 걸린 학습이었다. 학교 교육의 틀을 완전히 깬 용기 있는 학습이기도 했다.

앞으로 가정 속의 생활에서 24시간 이루어지는 이 용기 있는 학습의 다양한 사례가 펼쳐진다. 일상의 작은 변화로 지금까지 당겨준 공부불꽃을 점점 더 거세고 강력하게 만들 방법들이 가득하니 놓치지 말도록.

15장
암기 위주의 공부에서
벗어나게 하는 법 _ 말하기, 듣기

우리 모두의 내면에는
마법이 깃들어 있다는 점을 잊지 말아야 한다.

Joan K. Rowling(소설가)

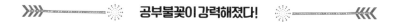

공부불꽃이 강력해졌다!

엄마로서 그야말로 기쁨 그 자체였던 경험 하나를 꼽으라면 우리 집 다섯 아이에게 소리 내어 책을 읽어주던 일과다. 가족이 한 자리에 모이는 활동처럼 하루의 든든한 버팀목이 되어주는 일도 없다. 나는 흔들의자에 앉고, 다섯 아이는 소파나 바닥에 흩어져 앉아 멋진 모험 이야기를 듣던 그 시간…. 정말로 행복했다.

나는 아이들에게 읽기 전용 바구니를 만들어주었는데 거기에 이솝 우화, 그리스 신화, 소설, 동화, 주제를 막론한 온갖 논픽션 등 다양한 종류의 책이 쌓여갔다. 우리는 하루 중에 적당한 시간을 정해서 그때만큼은 소리 내어 책을 읽었다.

때때로 나는 책 읽기를 하는 동안 아이에게 블록이나 뜨개질감 혹은 색칠하기, 점토 등을 가지고 조용히 놀 만한 활동거리를 주었다. 아이들은 책을 읽다가 질문을 하거나 인상적인 구절을 메모했다. 자신들이 만든 창작품에 대해 이야기를 나누기도 했다.

내가 책을 읽어줄 틈이 없거나 목이 쉬면 오디오북을 이용했다. 오디오북은 점심이나 아침식사 때, 장거리 자동차로 이동할 때 찰떡궁합이었다.

소리 내어 같이 글을 읽으면서 이야기와 언어를 함께 음미해볼 수 있다. 우리 아이들은 글의 다양한 문체를 익히면서 자신만의 글쓰기 틀을 잡아가는 데도 도움을 얻었다.

암기 위주의 공부에서 벗어나기

때때로 엄마는 아이를 교육하며 정보를 모으는 데만 집중한다. 어떤 것이든 검색만 하면 손쉽게 답을 알려주는 세상에 살면서 왜 우리는 아이들의 머릿속에 정보를 집어넣으려고만 하는 걸까?

현시대에 맞는 교육을 하려면 단순한 암기가 아니라 생각하고 해석하는 능력을 갖추어야 한다. 예를 들어, 단순히 역사를 공부하고 암기하는 것이 아니라 역사가처럼 사고하는 것이다.

역사가처럼 사고하기 위해서는 중요한 문헌의 분석 요령과 신뢰할 수 있는 사료 또는 신빙성이 떨어지는 자료를 평가하는 요령을 알아야 한다. 또한 경제·종교·정치론·사회관습 등을 비평하며 어떤 사건이 언제 어떻게 왜 일어났는지 해석해야 한다. 해석의 이야기가 나와서 말이지만 사실, 세대마다 과거의 역사적 사건들에 대해 새로운 의미를 부여한다. '사실'마저 시간이 지나면 변하기 때문이다.

'역사가처럼 생각하기'는 어떤 과목이든 적용 가능하다. 역사가를 다른 전문가로 대체하면 된다. 문법학자처럼 생각하기, 언어학자처럼 생각하기, 미술가처럼 생각하기 등 무궁무진하다. 문법학자는 어떤 식으로 생각할까? 언어학자처럼 해보려면 어떻게 하면 될까? 이런 식으로 사고의 변화가 일어나면 아이는 언어학자가 언어의 분류·정의·연관성에 대해 결정을 내리는 과정은 물론 원리까지 터득한다.

기자나 시사평론가처럼 생각해보면 어떨까? 수학자와 과학자처럼 생각해보는 것은? 아이가 이런 분야에서 발전을 이루려면 어떤 식으로 해보는 게 좋을까? 이렇듯 단순 암기식보다 해당 과목 분야의 활동을 통해 아이를 자극하면 학구적인 힘이 급류처럼 거세고 강력해질 것이다.

시와 함께하는 티타임의 마법

아이들이 다섯 살쯤 되면 뇌가 언어를 잘 구사하도록 프로그램 되어 있어서 모국어를 유창하게 잘한다. 그 덕분에 아이들은 초등교육을 받는 시기부터 대학생 때까지 쭉 왕성하게 단어를 축적해나간다.

내가 대학 재학 시절에 만난 한 교수님은, 박사학위 소지자는 해당 분야에서의 전문 어휘 습득자에 상응한다고 말씀하신 적이 있다. 쉽게 말해서 박사는 최고 수준급의 단어를 전부 꿰고 있다는 말이다.

모든 언어는 본질적으로 아름답다. 역사의 전 시기에 걸쳐 전 세계 곳곳에서 시와 소설, 종교문학, 철학이 끊임없이 이어졌다. 이러한 학문은 언어로 표현되어 깊은 감동을 주었다. 이런 풍요로운 자원을 활용하면 아이들에게 공부의 동기와 만족감을 동시에 부여할 수 있다. 공부의 동기와 만족감을 확실히 주기 위해 다음과 같이 해보면서 언어 속으로 깊숙이 파고들어보자.

우리 가족은 일주일에 한 번씩 주방 식탁에 모여 앉아 머핀을 먹고 차를 마시며 서로에게 시를 읽어주었다. 차와 간식을 곁들인 시 낭독 시간은 마법에 걸린 학습처럼 느껴졌다. 시와 함께하는 티타임은 더 세고 강력한 공부불꽃을 당겨주기에 더없이 완벽했다.

1. 식탁을 아기자기하게 꾸미기 : 식탁보나 매트를 깔고 식탁 가운데에 장식물이나 촛불, 레고 창작품 등을 놓아둔다. 개인용 찻잔이나 머그잔을 놓는다. 간식을 예쁜 그릇에 담는다.

2. 차와 간식을 준비하기 : 가족이 좋아하는 차와 음료를 담는다. 잼 바른 토스트 혹은 쿠키 등 간식을 내놓는다.

3. 시집 쌓아두기 : 도서관에서 빌리거나 책장에서 빼거나 서점에서 구매해서 쌓아놓는다. 큼지막한 삽화가 들어간 어린이 시선집 한두 권도

챙긴다.

4. 시집을 휙휙 넘겨보다가 시 한 편을 골라 소리 내어 읽어보기 : 아이가 대충 훑어보다 다른 가족과 같이 읽어보고 싶을 만큼 마음에 든다고 하는 시를 찾아보게 한다. 10대들은 노래 가사를 함께 읽어보기를 좋아하기도 한다. 셰익스피어의 희곡 대사도 낭독 대상에 넣는다. 아이가 너무 어려서 글을 못 읽으면 그 아이에게는 그림으로 시를 고르게 해준다. 언어와 차를 깊이 있게 음미해본다.

5. 차와 음료를 후루룩 소리 내서 마시고 재미있게 웃으며 떠들기, 시 한 구절 한 구절 감탄에 젖어보기도 하는 시간을 가져보기 : 시를 분석하지 않고 자연스럽게 대화한다.

음식, 촛불, 특별한 마실 거리, 아기자기 꾸며진 식탁 등으로 꾸민 분위기는 마음을 열도록 자극한다. 또한 공부에 대한 부담을 줄이고, 순순히 책장을 넘기며 호기심이 생기도록 한다. 이 방법은 결코 실패하는 법이 없다. 어떤 아이나 소리를 내어 읽고 싶은 시가 생기기 마련이다. 아이들은 이 시간에 서로 돌아가며 시를 읽는다.

다른 가족이 시를 낭독할 때, 엄마가 각자 앞에 있는 찻잔이나 컵에 원하는 음료를 따르는 것을 도와주는 협력을 배울 수도 있다. 또 어떤 시를 같이 읽어볼지 생각한다. 그 시에 담긴 의미가 뭔지, 그 시가 재미있는 이유를 생각해보며 깊은 사색의 시간을 가질 수 있다. 아이가 시를 읽을 때 웃음이나 눈물로 화답해주거나 특별 선물을 마련해 축하하는 기회를 가져보자.

시와 함께하는 티타임은 일반적인 언어 수업과는 아주 다른 느낌을 줄 것이다. 이러한 티타임은 아이들이 성인이 되어서까지 잊을 수 없는 공부불꽃으로 기억 속에 남아 있을 것이다.

책 읽기라는 좋은 습관의 원천

나는 엄마 덕분에 책 읽는 습관이 생겼다. 나의 엄마는 가족에게 책 읽기를 강요했다. 내가 어렸을 때, 8시가 취침 시간이었지만 11시까지 책을 읽어도 어머니는 잔소리하지 않았다. 그래서 가슴에 책을 얹고 불을 켜놓은 채 잠들었던 기억이 셀 수 없이 자주 있다. 아이에게 책 읽는 좋은 습관을 들여 주고 싶다면 다음과 같이 유도해보자.

우선 아이의 책상에 아이만의 독서 등을 설치해준다. 낡은 손전등이라도 좋다. 혹은 한낮에 촛불을 켜두고 독서를 위해 조용한 분위기를 만들어보자고 권해보는 것은 어떨까? 오전이나 오후 상관없이 그렇게 촛불을 켜놓고 15~30분씩 온 가족이 혼자 조용히 책을 읽는 것이다. 글을 읽을 줄 아는 아이는 책을 읽게 하고 아직 어린 꼬맹이에게는 그림책을 무릎에 올려놓고 넘겨볼 수 있게 유도한다, 순탄한 독서 시간을 보내기 위해 처음에는 시간을 짧게 잡는 것이 좋다.

이번에는 아이를 위해 책 읽기 좋은 아늑한 공간 만들어주자. 푹

신한 쿠션, 부들부들한 담요, 책 바구니, 자신만의 사적인 공간이 마련되고 독서를 할 수 있는 분위기가 갖춰지면 한층 더 책을 사랑하는 아이가 될 것이다. 만약 아이가 소설 읽기를 버거워하면 수준을 낮춰서 줄글이 적은 책을 권하자. 카툰이나 그래픽 노블(만화소설), 시집, 잡지 등 아이가 편하게 볼 수 있는 책부터 읽게 하는 것이다. 독서에 쉽게 빠져들 수 있도록 음악을 틀어주거나 오디오북 듣기 등을 권해보자. 아이가 다양한 방법으로 책 읽기를 하게 시도해보라.

16장

아이의 내면에 이미
작가가 살고 있다 _ 글쓰기

무슨 일이 있어도
개의치 말고 매일 써라.

Ernest Hemingway(소설가)

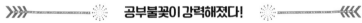 **공부불꽃이 강력해졌다!**

다섯 살인 캐트린은 글을 읽을 줄 몰랐다. 그런데 조안나가 문가까지 나와 존과
내 앞에서 클립보드를 흔들며 격앙된 목소리로 외쳤다.

"엄마, 아빠! 캐트린이 이야기를 썼어요. 캐트린의 첫 이야기에요!"

처음에 우리는 의아했다.

"캐트린과 내가 나란히 누워 잠들려고 하는데, 갑자기 캐트린이 어떤 이야기
를 들려주겠다고 하는 거예요. 그런데 왠지 이야기가 시작되었을 때 받아 적어
야겠다는 생각이 들었어요. 캐트린 이야기 들어보실래요?"

노트를 흘끗 보니 틀린 글자도 몇 개 보이고 마침표도 제대로 찍지 않았다.

캐트린의 말을 놓치지 않고 받아 적느라 빠르게 쓴 모양이었다. 하지만 그런

것들보다 캐트린의 활기 넘치는 문장이 두드러져 보였다.

조안나는 캐트린이 연필을 쥐고 글씨를 쓰기도 전에 이미 작가라는 것을 눈치챈 모양이다. 그것은 조안나가 글을 읽기 전부터 내가 조안나를 작가로 봐주었기 때문이다. 엄마가 자신을 작가로 대우해줬기에 동생인 캐트린이 이야기를 시작할 때 조안나는 엄마처럼 또 한 명의 작가를 놓치지 않으려고 노트를 펼친 것이다.

아이의 내면에 이미 작가가 살고 있다

글쓰기는 어려운 과목이다. 엄마 대부분은 글쓰기에 쩔쩔맨다. 사실 남녀노소 누구든 글쓰기에 자신 있다는 사람은 아주 드물다. 이제 이 막강한 기량에 바로 '마법 걸림'과 '별남'을 주입해볼 차례다. 다음에 소개할 아이디어는 아이에게 글쓰기의 소질을 끌어내는 데 매우 유효한 방법이다.

글쓰기 생활의 초반은 아이가 연필을 쥐고 글을 쓰거나 글을 읽을 수 있기 전부터 시작된다. 언어를 표현할 수만 있다면 다른 사람이 빠르게 메모해서 그 언어를 기록해줄 수 있기 때문이다. 루게릭병으로 온몸이 마비된 천재 물리학자 스티븐 호킹을 생각해보라. 그의 말을 문자로 바꿔주는 소프트웨어의 마법을 통해 호킹의 뛰어난 사고를 글로 보존시키지 않았는가.

엄마 혹은 누군가가 아이의 말을 메모해두었다가 시간이 흘러 다시 읽어주면 어떨까? 그러면 아이는 자신의 말이 글로 만들어지는 즐거움을 경험해볼 수 있다.

내가 '얼른 받아 적기'라고 말하는 이 메모하기는 놀라움을 활용하는 일이다. 아이는 자신이 한 말을 엄마가 받아 적어 다른 사람들에게 읽어줄 정도로 진지하게 받아들여질 줄은 예상하지 못한다. 이런 경험은 아이의 자부심을 키우기도 한다.

아이의 생각이 글로 정리되는 과정에서 엄마와 한 팀을 이루니 자연스럽게 협력도 유발된다. 아이의 생각을 중요하게 여기는 감정을 공유하며 엄마와 아이 간에 애정도 샘솟을 것이다. 아이의 생각을 소중히 여기는 일이 글쓰기에 대한 아이의 관점에 얼마나 큰 변화를 일으키는지 직접 경험해보라. 놀랍기 그지없다.

1. 경청 : 아이가 경험한 일(좋아하는 게임 레벨을 올린 방법, 동네 골목길에서 개가 길고양이를 쫓아가는 모습을 흥미진진하게 본 일)을 열정을 가지고 이야기할 때 잠시 하던 일을 멈추고 주의를 기울인다.

2. 종이 집어 들기 : 눈앞에 보이는 노트, 마트 영수증, A4 용지 등 뭐든 가까이에 있는 종이와 펜을 집는다.

3. 아이가 한 말을 얼른 적기 : 어떤 설명도 달지 않고 아이가 하는 말을 최대한 메모한다.

4. 메모를 가족에게 읽어주기 : 저녁식사 시간같이 가족이 모여서 여유로

울 때 아이의 말을 적은 메모를 꺼내서 이렇게 말한다. "오늘 샐리가 동네 개가 길고양이를 쫓아가는 광경을 이야기해줬는데 표현이 너무 근사했어! 잊어버리고 싶지 않아서 적어놨어." 그 메모를 읽어주고 내용을 공유하며 토론하거나 아이가 한 말을 가족이 함께 즐겨본다.

5. 메모한 종이를 책 바구니에 넣어두기 : 소리 내어 읽기 시간에 다시 읽어본다. 자신의 말을 적어놓고 읽으며 기분 좋아하는 것을 아이가 느끼게 해준다. 메모한 것을 서류철 같은 데에 모아두기만 하면 아이는 엄마가 왜 자신이 한 말을 적어두었는지 결코 이해하지 못한다.

6. 무한 반복하기 : 감동을 받은 만큼 자주 읽어준다.

프리라이팅으로 글쓰기에 자신감을

아이가 손으로 연필을 쥐고 글을 쓸 줄 알게 되면 다음으로는 머릿속에 떠오른 생각을 옮겨 적는 프리라이팅을 하게 해라.

프리라이팅은 아이가 글을 읽을 줄 알고 손글씨도 쓸 줄 알아야 해서 대체로 8~9세 때부터 시작하는 것이 적절하다. 더 어린아이의 경우에는 부모가 아이의 프리라이팅을 받아 적어준다. 프리라이팅을 하는 동안 아이에게 그림을 그리거나 끄적이며 낙서하게 해주면 된다.

우선 프리라이팅을 처음 시작하기 전에, 아이에게 자신이 좋아하고 잘 아는 것들을 전부 적게 한다. 예를 들어, 춤추기, 컴퓨터 게임,

볼링, 쿠키 굽기 등 그 어떤 소재라도 상관없다. 그리고 프리라이팅에 이 소재를 사용하거나 이와 상관없이 자유롭게 생각나는 대로 쓰게 해보자. 아이가 긴장하고 있다면 어깨를 주물러준다. 제 스스로 손가락 마디를 꺾어 보게도 한다.

혹여 맞춤법을 틀리거나 문장부호를 정확히 사용하지 못하더라도 생각나는 그대로를 자유롭게 쓰게 한다. 전단지 뒷면에 쓰게 하거나 종이를 구겨 똘똘 뭉쳤다 펴서 주면 대부분의 아이가 긴장을 푼다. 타이머 맞추기도 효과적인 방법이다.

프리라이팅을 처음 하는 것이면 1~3분으로 맞춰놓고 시작해보자. 아이가 점점 글쓰기를 편안해하면 차츰 시간을 늘리면 된다. 단, 아이가 타이머를 싫어하면 시간을 재지 말자. 이럴 때는 아이가 다 썼다고 느낄 때까지 프리라이팅을 하게 해주자.

프리라이팅을 할 때 지켜야 할 규칙은 딱 하나 '계속 쓰기'다. '이걸 어떻게 말해야 할까'라는 생각이 들어도 글쓰기를 멈추게 하지 말고 계속 쓰게 둔다. 설사 내용이 뚝뚝 끊어지거나 오탈자가 나와도 개의치 말자.

형식과 틀이 있는 글쓰기에 자신감 더하기

글쓰기에 자유로운 느낌을 더해주기 위해 검정색 종이와 젤 펜, 마커

펜, 분필, 파스텔, 핑거 페인트, 색연필, 만년필 같은 필기구를 활용해
도 좋다. 글을 쓸 바탕 면도 유리창, 점착 메모지, 크라프트지, 화이트
보드, 칠판, 클립보드 등의 이런저런 다양한 소재도 좋다. 황당하게
느껴지겠지만 손가락과 발가락은 물론 피부에도 안전한 마커펜으로
써볼 수 있다. 마지막으로 글쓰기가 지루해지면 장소의 변화를 주는
것을 권한다. 커피 전문점, 도서관, 마당에 담요를 깐 자리, 탁자 밑,
동물원 등으로 옮겨보자. 아이가 자유분방한 글쓰기를 하려면 엄마
는 어떤 식으로든 자유롭게 글을 쓰게 해주는 것이 할 일이다. 어린아
이든 10대든 형식에 맞춘 글쓰기를 하기 전에 우선 편안하고 자유롭
게 쓰는 것이 먼저다.

학문적 글쓰기는 어떨까? 이런 글쓰기에도 공부불꽃을 당길 수
있을까? 깐깐하게 형식과 틀을 지켜야 하는 글쓰기에도 공부불꽃을
당기는 게 가능할까? 나는 가능하다고 본다.

아이에게 읽어본 적도 없는 책 리뷰를 형식에 맞춰 써보라고는 하
지 말자. 10대 중에 에세이를 읽어본 아이들이 얼마나 될까? 먼저
쓰기를 할 작품 읽기가 선행되어야 한다.

엄마가 컴퓨터나 휴대전화를 통해서 읽고 글로 표현할 에세이나
기사를 공유해줘라. 10대들은 종종 엄마가 추천하면 그런 글에 대
해 토론하고 싶은 마음이 생긴다. 엄마는 이 틈을 타 기사에서 부각
되는 부분을 주목하고 설득력 있는 대목이나 취약한 주장도 찾아보
게 한다.

그다음 가장 까다로운 질문을 해본다. 이런 형식의 글이 효과적이고 유용한 이유를 찾아보고 그 한계점에도 주목해보자고 말한다.

마지막으로 아이에게 한 편의 에세이를 여러 문단으로 잘라보고, 한 문단의 분량을 어떻게 정할지 같이 생각한다. 반복되는 어구에 강조 표시를 하고, 빼도 괜찮을 만큼 중요하지 않은 대목은 어느 부분인지 혼자 생각해보게 한다. 독후감 대신 페이스북 리뷰나 책 커버를 쓰거나, 파워포인트 발표 자료를 만들어봐도 좋다. 해당하는 글의 형식에서 핵심 요소는 '분석하기'다. 원문에서 내세운 이론을 분석한다. 그다음에 원문의 문체대로 짧은 글을 쓰는 연습을 반복하다 보면 형식이나 틀에 맞춘 글쓰기에 자신감이 붙을 것이다.

17장

흥미를 주는 호기심
불꽃 당기기 _수학, 과학

더디게 학습하면, 머리 회전이 빠른 우등생보다 더 깊이 있게 배우기도 한다.
내 뇌를 재편하는 데 가장 유용했던 비결 중에 하나는
한꺼번에 많은 수학과 과학 수업을 받고 싶은 유혹을 뿌리친 것이다.

Barbara Oakley(공학 교수)

공부불꽃이 강력해졌다!

엔지니어로 일하는 내 친구는 다양한 상황에서 아이들에게 수학과 관련한 질문을 던지고는 했다. 지나가는 작은 트럭을 보고는 "저 트럭의 화물칸에 냉동 닭 몇 마리가 실릴 것 같아?"라는 질문을 던지고 다 같이 정답을 추론하는 식이다.

그 친구는 아이들과 다음 교통 신호가 빨간불일지 녹색불일지 노란불일지 예상해보는 게임도 했다. 이 게임에서 정답을 맞히면(빨간불은 2점, 녹색불은 1점, 노란불은 10점을 받았다). 당연한 말이지만 노란불을 맞춘 아이는 가장 큰 위험을 감수했다. 가장 큰 보상을 받기도 했다.

이 얘기를 처음 들었을 때 나는 감탄이 일었다. 그도 그럴 것이 자동차 안에서 수학과 관련한 게임을 해볼 생각을 나는 한 번도 해본 적이 없었기 때문이다.

우리 아이에게 다음과 같은 수학적·과학적 질문을 해보자.

 아이의 호기심에 시동을 걸 질문

- 이번 게임에서 상대에게 크게 지고 나면 남은 '생명'은 몇 퍼센트일까?

- 마셔도 안전할 만큼의 수돗물? 염소 비율은 얼마나 될까? 그것을 알아보려면 어떻게 해야 할까?

- TV 프로그램은 어떻게 우리 집 TV 화면에 나오는 걸까?

- 시내까지는 몇 킬로미터일까? 거기까지 고속도로 출구가 몇 곳이나 있을까?

- 미적분은 무엇일까? 우리는 언제 미적분을 사용할까?

- 물이 끓을 때와 얼 때의 온도는? 섭씨와 화씨로 각각 몇 도일까?

- 토성은 지구에서 얼마나 멀리 떨어져 있을까? 토성의 고리는 무엇으로 이루어져 있을까?

이번에는 내 아이의 호기심에 시동을 걸 수학적·과학적 질문들을 직접 만들어보자.

수학이나 과학을 진정으로 이해한다

세계적인 STEM(과학Science, 기술Technology, 공학Engineering, 수학Mathematics)의 앞글자를 딴 약자] 분야의 전문가들은 수학과 과학을 지능의 진정한 척도라고 여긴다. 그리고 모든 사람이 그렇게 믿고 수학과 과학의 위대함을 인정하기를 바란다. 안타깝게도 주입식 지도가 STEM의 주된 교육 모델이었고, 그쪽으로 적성을 타고난 아이가 아니면 수학과 과학을 으레 어렵고 지루하고 무의미한 과목으로 치부한다.

이해는 주입식 교육이 아니라 공부불꽃이 이룬 결론이다. 나는 3학년 때 구구단의 일부를 잘못 암기한 적이 있었다. 그랬더니 시험에서 매우 낮은 점수를 받았다. 그 일로 꽤 큰 충격을 받았다. 내가무엇을 틀렸는지 이해가 안 되었다. 사실 나는 곱셈의 본질적인 의미에 대해 노아를 가르치고 나서야 이해했다. 그러니까 서른다섯 살이 되어서야 고개를 끄덕인 셈이다.

빵을 만들고 목공예와 퀼팅을 해보는 아이가 연습 문제지를 붙잡고 있는 아이보다 분수의 개념을 더 잘 이해한다. 연습 문제지는 일단 현실 세계와의 연관을 맺어야 의미를 가질 수 있다. 연습 문제지를 풀고 나서 현실 세계와의 연관성을 맺기란 대체로 더 어렵다. 온라인 게임을 하고 로봇공학 팀에 들어가고 체스를 하는 아이들은 수학 원칙에 대해 열린 생각을 갖기 마련이다.

수학과 과학 공부불꽃 당겨주기

수학자나 과학자처럼 생각하기 위해서는 호기심이 관건이다. 질문 벽을 활용해서 일주일 동안 수학이나 과학과 관련된 질문을 해 아이를 자극하고 다양한 방면의 호기심을 부추겨보면 어떨까?

수학은 단독 활동이 되는 경우가 비일비재한 반면, 특유의 도전을 자극하는 면이 있다. 지쳐서 그냥 끝내고 싶어 하는 아이를 좀 더 오랫동안 집중시키고 싶다면 이렇게 도와주자.

브라우니를 가져다주고, 엄마의 힘을 보태주고, 더 느긋하게 시간을 주자. 자신이 힘들어할 때 엄마가 한편이 되어준다는 점을 아이에게 상기시켜주면 더욱더 긴 시간을 몰입하기 마련이다. 다음과 같은 방법으로 수학과 과학의 공부불꽃을 당겨주자.

1. 질문하기 : 온갖 질문을 많이 한다. 답을 모르는 질문이라도 가리지 않는다. 어떤 과정을 가르치거나 수업하기 전에 아이에게 추측하게 한다. 예를 들어, "자, 봐봐. 마시멜로가 두 개씩 세 덩어리가 있어. 마시멜로의 총 개수를 계산하기에 가장 빠른 방법은 뭘까?" "핑거페인트를 만들려면 어떻게 해야 할까?" "나뭇잎은 왜 색이 변하는 걸까?"

2. 먼저 촉각으로 익혀주기 : 게임, 현미경, 자, 비커 등의 도구, 퍼즐, 속임수 마술… 등 가능하다면 온라인으로 이런 활동 동영상을 본다.

3. 주입식 학습 전에 반드시 이해하게 하기 : 구구단 암기 전에 다양한 물건으로 분류하고 합해보는 경험을 반복시켜준다.

4. 수학 교재를 새로운 방식으로 활용하기 : 아이가 시집을 읽듯 수학책을 넘겨보며 흥미가 자극되는 부분을 찾게 해준다. 몰입 공부를 해보며 문제의 난이도가 어떤지 스스로 판단해보게 한다. 아이가 문제를 내보 도록 자극한다. 아이의 생각을 '정답 맞추기'가 아닌 '문제 해결'의 사 고로 확장시킨다.

5. 주제를 골라 공부하기 : 주제를 하나 골라 깊이 몰입한다. 예를 들어, 대 수를 배울 시기라면 문제 풀기를 그만하고 대수의 역사 탐구 시간을 가져본다. 과학도 비슷한 방식을 활용한다. 태양계와 허리케인, 주방 용 화학제품 등과 관련된 다양한 책들을 찾아 읽는다. 그 주제와 관련 해서 이루어진 실험들을 찾아본다.

6. 협력하기 : 수학 문제를 함께 풀어본다. 따뜻한 공간을 연출해준다. 다 과를 준비해준다.

18장

아이는 정해진 틀을 벗어나야 영감을 받는다 _미술, 자연

자연은 스스로를 숨기지 않는 큰 책이다.
우리는 그것을 읽기만 하면 된다.

Feuerbach, Ludwig(독일의 철학자)

》》》》》————※——— 공부불꽃이 강력해졌다! ———※————《《《《

이웃이자 나의 홈스쿨 동료인 도티는 다른 시각으로 세상을 바라보는 사람이었
다. 그녀의 좁은 거실 한가운데에 놓인 큼지막하고 튼튼한 탁자에는 언제나 미
술용품이 가득했다.

양철통에 담긴 다양한 크기의 그림 붓, 그림 물통 용도의 아기 이유식 유리
병, 무빙아이(인형 눈), 파이프 클리너(모루), 반짝이, 온갖 종류의 접착제, 색종이
와 크라프트지, 물감과 점토, 파스텔과 마커펜, 왼손잡이용과 오른손잡이용의
가위 등으로 빼곡했다. 머리 위쪽에 늘어진 빨랫줄에는 미술 작품들을 건조 시
키느라 죽 걸려 있다.

65제곱미터 남짓한 도티네 집에는 흥미를 자극하는 생동감이 있다. 그저 '아

기자기하다'거나 '잘 꾸며져 있다'는 표현으로는 부족하다. 아주 인상적이고 마음을 끄는 어수선함이 있다. 흐트러져 있는데도 불결하게 느껴지지 않는다. 오히려 언제 어느 때든 예술적 영감과 작품에 대한 아이디어를 자극할 만한 그런 분위기다.

도티네 집에서는 위험 요소가 상존해서 무엇인가를 잘못 건드리거나 쿵 넘어뜨릴 만한 여지가 있다. 하지만 설사 그런 일이 벌어져도 아무도 개의치 않는다. 창의적인 활동을 방해하지 않기 위해서다.

어느 날 오후, 도티가 한 손에는 글루건을 다른 한 손에는 도토리 뚜껑을 들고 흔들어 보이며 우리를 불렀다.

"우리 지금 요정 집을 만들고 있어! 같이 하자."

가서 보니 탁자에 쿠키, 잔가지, 이끼, 솔방울, 말린 꽃, 반쯤 빈 주스 병이 널려 있었다. 도티 뒤편으로 보이는 싱크대에는 접시가 잔뜩 쌓여 있었다. 도티의 두 아이는 뜨거워서 조심해야 하는 글루건을 쏘는 데 열중하느라 고개를 들 생각도 안 했다. 그때 도티의 막내딸 에바가 페이스 페인트 상자를 들고 불쑥 나타나더니 얼굴을 돌려 자기 엄마에게 뺨을 들이댔다. 도티는 한 치의 망설임도 없이 딸의 뺨에 호랑이 줄무늬를 그려주며 우리 가족에게 잔가지로 탄탄한 구조의 집을 세우는 요령을 설명해주었다.

도티를 알고 나서 내가 가장 먼저 한 일은 '24시간 개업하는' 미술 탁자 만들기였다. 이를 위해서 나는 가족의 공간에 마법을 걸기 위한 탁자에 언제든 쓸 수 있게 미술용품을 한가득 놓아두었다. 그러면서 '이것이 미리 짜맞춰진 미술 실기 수업보다 아이를 더 매료시키는 이유가 무엇일까?' '미술용품 탁자의 마법적 속성은 무엇이고 학교 미술 실기 수업에서 마법을 깨트리는 요소는 과연 무엇일까?'에 대해서 생각했다.

1 그림 그리기용: 수채화 그림물감, 아크릴 물감, 3D 입체 물감, 핑거 페인트, 납작 붓, 가는 붓, 스펀지 붓, 모양 스펀지

2 글씨 쓰기용 : 물로 지워지는 싸인펜, 오일 파스텔, 프리즈마 색연필, 목탄, 윤곽선용 플레어, 형광펜, 샤피(Sharpie) 마커 펜 전 색상(주의! 이 펜은 지워지지 않는다), 분필, 제도용 연필, 화이트보드 마커(꿀팁! 화이트보드 마커에 유색 비닐 테이프를 붙여 종이에 쓰는 용도가 아니라는 표시를 해놓자), 2B 연필, 검은색 종이용의 젤 펜

3 그림을 그리거나 글씨를 쓸 바탕 재료 : 색색의 종이와 흰색 종이, 예쁜 테두리 장식으로 꾸며진 편지지, 크라프트지, 접착식 메모지, 접이식 메시지 카드, 보드지, 포장지, 알루미늄호일, 포스터 보드지, 명함지, 카드 봉투, 캔버스, 목판, 강변의 돌멩이, 거울, 화이트보드, 봉헌 양초 컵, 천 조각, 사포, 색칠하기 그림책, 펠트지, 젤 펜용의 검은색 종이, 작은 크기의 일기장이나 노트북

4 고정용 재료 : 막대 풀 여러 개, 목공용 접착제, 글루건과 초강력 순간 접착제(사용 시에는 어른이 옆에서 봐주어야 한다), 섬유 접착제, 스테이플러, 할핀, 펀처와 고리, 스카치테이프, 양면 테이프, 마스킹 테이프, 투명 포장 테이프, 덕트 테이프(점착성이 강한 은회색의 방수성 천 테이프), 색색의 비닐 테이프

5 액세서리 : 무빙아이, 파이프 클리너, 반짝이(사용 시 먹지 않도록 주의 한다), 색종이 조각, 스티커, 고무 도장, 스텐실, 실, 끈, 자수실, 점토, 오븐 점토, 천 조각, 카탈로그, 잡지, 폼폰(뿅뿅이), 리크랙(지그재그 모양의 장식 용 띠), 아이스크림 막대

6 보관 용기 : 깨끗이 씻은 양철통(그림 붓과 필기 도구를 꽂아 두기에 제격이다) 욕실용 선반(무빙아이, 파이프 클리너, 딱풀, 반짝이를 정리해두기에 좋다)

빨랫줄(빨래집게를 꽂아놓으면 작품을 전시도 하고 탁자에서 치워놓기도 하는 용도로 괜찮다)

7 위치 : 자주 왔다 갔다하는 장소, 발길에 걸리적거리고 가까운 곳 즉, 지하실이나 침실에 탁자를 놔두면 테이블은 외로워지고, 아이들의 관심도 덜 간다.

미술사를 벗어난 미술공부

미술관 관람은 과거로의 시간 여행을 떠나는 것처럼 추상적인 역사의 세계를 별안간 생생하게 느끼게 한다.

미술 감상을 위해 꼭 미술사를 공부할 필요는 없다. 우리 가족은 신시내티 미술관에서 마음에 드는 작품을 골라서 매번 그 작품만 보러 갔다. 그곳에서 조그만 메모장에 곱슬곱슬한 갈기의 사자상 같은 고대 이집트의 유물들을 스케치하거나, 중세 그림들 속의 천사 수를 세기도 하고, 선물 가게에서 유명한 그림이 찍힌 엽서를 사기도 하고, 그 엽서를 이용해 미술관의 최고 걸작품들 사이에서 보물찾기를 하기도 했다. 먼저 인쇄된 그림을 보고 난 다음에 그것을 실물로 직접 접하는 기분만큼 흐뭇한 것도 없다.

집에는 인쇄판 그림을 걸어놓고 바구니에는 큼지막한 판형의 명화 선집을 꽂았다. 우리 가족은 〈그림의 이야기The Story of Painting〉라는 비디오 시리즈를 재미있게 보았는데, 웬디 수녀님이 진행하는 이 비디오는 요즘 유튜브에서도 시청 가능하다.

가끔 우리 집 아이들이 어떤 그림에 대해 묘사하곤 했다. 그러면 나는 아이들을 위해 그 표현을 얼른 받아 적어두었다. 또 어떤 때는 아이들이 자신의 감상평을 직접 글로 적기도 했다. 나는 이런 글들을 노트북에 모아서 넘겨보게 해놓았고 스케치와 글귀 몇 구절은 벽에 걸어놓았다.

자연과 유대하며 탐험하는 팁

밖으로 나가 나무를 바라보면 그 주 내내 아이는 집중하는 시간이 늘어난다는 연구결과가 있다. 신선한 공기를 마시고 자연을 마주하면서 자기 존재의 크기를 느끼고 오면 공부에 도움이 된다는 반증이다.

자연을 즐길 방법은 아주 많다. 반려동물 키우기, 가을철의 구근 심기나 봄철의 원예, 나뭇가지의 잎사귀 세기와 그래프로 잎새 떨어지는 주기 표시해보기, 자연물(솔방울, 새 둥지, 도토리, 강가의 돌멩이, 라벤더, 깃털, 조개껍데기, 화성암 조각, 화석 등)을 놓아둘 진열 탁자 놓아두기 등 무궁무진하다. 좀 더 꾸준히 자연물 수집을 해보고 싶으면 전용 유리 진열장을 마련해보는 것도 좋다. 각 진열품에 미술관에 가면 있는 그런 이름표를 만들어서 명칭, 발견 장소, 흥미로운 특징을 써놓는다.

미술 감상과 자연 공부는 아이의 어휘를 늘린다. 자연을 통해 인간이 얼마나 작고 우주가 얼마나 큰지 느끼면서 크기에 대한 감각과 미술을 통해 그림 속에 포착된 다른 시대의 삶을 보며 과거를 추론하는 능력이 생긴다. 아이가 역사와 시간에 대해 강의식 수업에서 배우는 것보다 더 많은 것을 알게 해줄 수 있다.

문학, 시, 은유, 노래는 자연과 미술이라는 두 분야로부터 깊은 영감을 얻었다. 아이가 자연, 미술과 강한 유대를 맺으면 이런 '문화의 숨겨진 보고寶庫'를 더욱더 잘 활용하게 된다. 자연과 강한 유대를 맺고 싶다면 다음과 같은 활동을 과감하게 시도해보자.

만약 아이가 새에 관심을 보인다면 나무에 새 모이통을 걸어둔다. 그리고 벽에 다양한 종류의 새 포스터를 붙이고 새 모이를 직접 만들어보며 실험해본다. 아이에게 언제나 들고 다닐 수 있는 휴대용 도감을 선물하는 것도 좋다. 아이의 관심사에 따라 곤충, 야생화, 나무 등의 도감 등이다.

또 아이의 성향에 따라 관찰일지를 쓴다. 기온을 기록하거나 동물 목격담 같은 세세한 이야기도 좋다. 이때는 노트를 들고 나가 현장을 스케치하도록 부모의 도움이 필요하다. 집 근처의 하이킹 코스가 있다면 그곳들을 관찰하며 야외 활동을 해보자.

아이의 야외 활동을 위한 속성 팁을 주자면, 물, 선크림, 간식거리

등을 미리미리 준비하는 것이다. 또한 아이들 각자에게 자연 수집물을 담을 작은 백팩이나 지퍼백을 들려주자. 갑작스런 하이킹에 대비해 차 안에 클립보드와 스케치북을 여분으로 준비해놓으면 급할 때 요긴하게 쓸 수 있다. 엄마와 아이의 체력을 감안해서 하이킹은 한 시간 미만만 한다. 때로는 하이킹이 물놀이로 이어질 때도 있다. 그럴 경우를 대비해서 갈아입을 옷과 여분의 수건을 준비한다. 마지막으로 하이킹을 하면서나 길가에 버려져 있는 쓰레기를 담아 올 비닐봉투 챙기기를 잊지 말도록.

19장
역사는 아이의 관심사를
전 세계로 확장시킨다 _역사

역사는 진리의 어머니요 시간의 경쟁자이자 모든 행위의 창고이며
과거의 증인이고 현재의 본보기이자 깨우침이며 미래를 위한 경고이다.

Miguel de Cervantes Saavedra(시인)

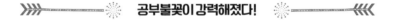

공부불꽃이 강력해졌다!

내가 7학년 때, 사회 시간이었다. 선생님이 젖은 진흙을 가져오시더니 우리에게
아즈텍족의 도기 모양대로 항아리를 빚고 도색하는 방법을 가르쳐주었다.

우리는 반짝거리는 예쁜 항아리를 만들어서 교실로 돌아왔고 모두들 감탄했
다. 하지만 그것도 잠시 선생님은 우리가 애써 빚은 항아리를 망치로 조각조각
깨뜨리라고 했다. 우리는 싫었지만 어쩔 수 없이 시키는 대로 했다.

다음 날, 선생님은 우리를 학교 뒤쪽의 벌판으로 데려갔다. 그리고 삽을 나눠
주고 조를 짜주며 발굴해보라고 했다. 우리가 말리부 협곡의 고고학자가 되어
보는 순간이었다. 선생님은 우리의 항아리 조각을 과거 문명에 생긴 퇴적층의
상징으로 카드보드지까지 중간중간 깔아가며 묻어두었다. 우리는 항아리를 발

굴해서 어떤 층에 묻혀 있는지 확인해봐야 했다.

아이들은 파편을 발견할 때마다 환호했다. 단 우리 팀만은 예외였다. 나는 울음을 터뜨리고 말았다. 그때 선생님이 우리 쪽으로 다가와 말씀했다.

"그거 아니? 줄리, 너희가 가장 진짜 같은 체험을 하고 있는 거야. 선생님이 너희가 발굴해야 할 곳을 정확히 기억하지 못해서 너희 팀이 진짜 고고학자들처럼 발굴해야 하는 상황에 놓인 거란다."

선생님의 격려에 힘입어 마침내 항아리를 발견했다. 우리는 다른 조보다 훨씬 큰 소리로 환호성을 질렀다. 그 순간, 우리는 진짜 고고학자들이었다!

나는 그 수업에서 시험을 보거나 애써 공부를 했던 기억은 나지 않는다. 다만 선생님의 고고학 발굴 수업은 똑똑히 기억한다. 나는 그 뒤에 대학에서 역사학을 전공하게 되었다. 나의 잊을 수 없는 이 고고학 체험기는 아이들을 가르칠 때도 큰 도움이 되었다. 공부는 단순 암기만이 아닌 실제 활동과 접목시킬 때 비로소 불꽃을 당겨준다는 것을 직접 경험했고, 누구보다 잘 알게 해준 수업을 미리 경험했기 때문이었다.

고정불변의 역사는 없다

금세 역사에 관심을 갖는 아이들도 더러 있지만 대다수는 아주 따분해한다. 아이들에게는 어제나, 2년 전이나, 기원전 200년이나 '비현실적 시대'의 베일에 가려져 있는 건 똑같이 느껴질 테니까 말이다.

역사학자처럼 생각하기란 곧 시간의 경과에 따른 영향을 접해보는 일이다. 아이를 시간의 동심원에 세워놓고 가족, 지역사회, 주, 국가, 대륙, 세계로 그것을 확장시키면서, 동심원별로 차례차례 시간을 뒤로 거슬러가 다른 시대와 이야기에 관심을 가져보게 하면 어떨까?

역사라는 과거 기록의 집합체는 우리가 되풀이해서 살펴보고 평가하는 대상이다. 고정불변의 역사는 없다. 각 시대마다 과거를 새로운 방식으로 이해할 필요가 있다.

역사는 이야기 중심이다. 그러므로 모험 이야기가 가진 힘을 활용해 과거에 접근해볼 수 있다. 다만 오로지 '이야기'로만 집중하면 역사학자처럼 생각할 수 있는 기회를 잃어버릴 수 있다.

동심원마다 엄마와 아이에게 익숙한 경험과 아직 익숙하지 않은 경험 모두를 고려해봐야 한다. 역사 공부는 역사적 순간의 중심에 있는 집단의 입장에서 생각해볼 줄 아는 능력이 중요하다. 또한 무턱대고 비판부터 하려 들지 않는 태도도 필요하다.

역사학자처럼 생각하기

다음 지침을 따르면 역사학자가 사건을 검토하고 해석하는 방법을 탐구해보는 데 유용할 것이다. 우선 아이에 대한 모든 것을 알 수 있는 연대표를 함께 만들어보자. 처음에는 오늘에 대해 하루의 활동사진을 찍어서 순서대로 배열해보고 다음은 일주일간의 사진을 찍어서 똑같이 해본다. 어떤 사진이 다른 사진보다 더 이전인 이유와 그 판단을 내린 단서가 무엇인지 토론해보자. 종류를 가리지 말고 모든 사건을 포함시키자. 양치질, 쇼핑, 장난감 가지고 놀기, TV 시청, 무릎 까진 일, 간식 먹은 일, 목욕 등 모두 다. 사진을 찍은 후에 순서대로 배열하기 위해 다시 살펴보기까지의 시간이 길어질수록 오히려 활동이 더 힘들어진다.

어떤 일이 언제 일어났는지 기억해내는 데 달력 같은 유용한 단서에 대해 아이와 이야기해보자. 예를 들어, 계절이나 휴일 또는 생일을 암시해주는 증거는 없는지 한 사진에는 형제의 모습이 있는데 다음 사진에는 없는 이유가 그 형제가 축구 연습을 하러 나갔기 때문은 아닌지 말이다. 이와 같은 탐정식 추론을 하다보면 순서, 시간, 장소에 대한 개념이 생긴다. 또한, 관련된 정보에 대한 토론을 나누면 역사적 사실에 대한 개념도 생긴다. 마지막으로 사진으로 꾸민 연대표를 색연필로 날짜와 시간을 적어 넣은 후 벽에 붙여보자. 그리고 그 사진들을 보며 당일이나 그 주, 그달에 대한 이야기를 다시 해본다.

다음으로 시간을 좀 더 뒤로 거슬러가서 범위를 넓혀 가족을 살펴보자. 아이와 함께 엄마나 아빠의 어린 시절 사진을 꺼내보자. 아이의 할아버지와 할머니의 유년 시절 사진도 찾아보면 좋다. 이모, 고모, 삼촌, 외삼촌, 사촌들의 어린 시절 사진을 보며 지금과 얼마나 다른지 비교해보자. 이런 사진들이 가족사의 연대표에서 어디쯤에 자리 잡을까? 아이가 궁금해 하면 함께 만들어보자. 크라프트지 가운데에 길게 줄을 긋고 사진들을 쭉 붙이며 날짜도 표시해보면 된다.

가족 연대표까지 완성되었다면 그 사진을 찍은 시기에 일어났던 기억나는 일들을 같이 살펴본다. 전쟁, 자연재해, 기술의 획기적 발전, 대통령이나 유명인의 생일 또는 사망일 등을 떠올려보면 된다. 연대표의 위쪽은 가족이 겪은 일을 위한 공간으로 활용하고, 아래쪽에는 국가적·세계적 사건을 정리한다. 이 프로젝트는 몇 주, 심지어 몇 달이 걸릴 수도 있다. 정보를 수집할 때는 보다 정확하게 하기 위해 친척에게 연락을 해서 물어보거나 아이와 함께 검색 활동을 병행해보자.

아이들의 유년기에 있었던 기억할 만한 중요한 일들은 무엇일까? 그런 유명한 일들이 가족 구성원과 어떤 상호관계가 있는지 살펴보면서 역사가 현실의 사람들에게 영향을 미친다는 사실을 입증해본다면 아이들은 마치 역사학자가 된 듯한 생생한 체험을 하게 될 것이다.

다음은 사진에 대한 질문의 몇 가지 예다.

- 사진에 찍히지 않았지만 당일/주/달에 있었던 일 중에 기억나는 다른 일은 없어?
- 그게 중요하게 기억할 일이야? 연대표에 기록해도 될까?
- 어떤 기억은 계속 간직하고 또 어떤 기억은 간직하지 않으면 어떻게 될

까?

- 사진 속에 있는 이 사람들은 누구일까?

- 이때가 몇 년도일까? 어떤 달이었을까? 무슨 요일인지 기억할 수 있겠어?

- 이 사진에는 어떤 이야기가 담겨 있을까? 이 사진을 찍기 전에 무슨 일이 있었을까?

- 누가 사진을 찍었을까? 그걸 알아내거나 추측할 만한 방법이 있을까?

- 사진에서 보이는 물건들의 이름을 모두 댈 수 있겠어?

역사학자가 되는 경험 확대하기

가족이 속한 지역사회, 도시, 국가, 대륙은 지금 이 순간에도 역사를 만들고 있다.

우리 가족은 종교 기념일을 축하하는지, 우리나라는 교육, 정부, 종교, 천연자원의 개념을 어떤 식으로 이야기하는지 나라별로 다른 관습의 차이를 탐구해보자. 예를 들어, 전 세계의 아침식사 음식을 조사해보자. 빵과 커피 같은 음료로 아침식사를 바꿔보는 건 어떨까? 역사를 이해할 때 문화의 다양성에도 관심을 가지면 과거의 문화들이 시간과 장소에 따라서도 독자성과 구속력을 띤다는 사실을 받아들이게 된다.

앞의 세 영역(자기 자신, 가족, 문화)은 현대의 삶에 초점이 맞추어져 있다. 여기까지 왔다면 이제는 아이도 다른 세기나 세계의 이색적인 지역을 상상해볼 준비가 되어 있을 것이다. 이제 세계로 눈을 돌리게 해보자.

가능하다면 직접 가보는 것이 제일 좋다. 실제로 재택교육 프로젝트의 일환으로 다른 장소나 나라에 갈 방법을 찾는 홈스쿨러들이 많다. 직접 갈 수 없다면 가까이에 있는 다양한 나라의 공동체에 찾아가 보거나(멕시코 거리, 차이나타운 등) 문화 페스티벌(독일식 맥주축제 옥토버페스트, 이탈리아나 그리스식 페스티벌, 튤립 축제 등)도 아이가 다른 문화의 음식, 관습, 춤, 노래에 대해 배워보기에 더 할 나위 없는 기회가 된다.

마지막으로 선거철에 자국의 정치 체계를 알아보는 것도 추천한다. 토론을 보고 후보에 대한 정보를 알아본다. 그다음 선거 운동을 벌이는 여러 당을 비교해본다. 가족끼리 모의 선거를 벌이며 연설해보는 것도 재미있다.

나이가 어린아이에게는 국기와 국기에 대한 맹세에 대해 가르쳐주고 주와 국가 또는 시와 도의 기본 틀을 비교해서 알려주자. 10대 아이라면 여러 가지 정부 체계를 비교해서 설명해주고, 주정부 권리와 연방정부 권리도 대조해서 가르쳐준다. 중세 시대의 군주제를 살펴보며 현대와 비교해보는 것도 유익하다. 왕정에 대한 두 가지 해결책으로 민주주의와 공산주의를 고찰해보는 것도 필요하다. 사회학은 아이에게 다양한 사람들과 관념으로 이루어진 복잡한 세상에서 딛고 설 발판을 마련할 기회를 열어주는 소중한 학문이다.

1. 이야기 읽기 : 신화, 전설, 역사 등 다양한 관점의 책을 읽는다.

2. 읽으면서 본 장면과 활동 실행해보기

3. 유적지 방문 : 역사적인 장소로 현장학습을 간다. 직접 가보는 게 불가능할 때는 유튜브와 다큐멘터리를 활용한다.

4. 문화에 대해 배우기 : 이집트인이 피라미드를 세우기 위해 사람들을 노예로 만든 이유, 서유럽인이 세계를 식민지화한 동기, 중국이 식민지를 세우기 위해 북아메리카 모험을 감행하지 않았던 이유 등을 알아본다.

5. 연대기 활용하기 : 버나드 그룬(Bernard Grun)이 쓴 《역사의 시간표The Timetables of History》(기원전 5000년부터 20세기 말에 이르기까지의 역사와 정치, 문화와 연극, 종교와 철학, 시각예술, 음악, 과학과 기술, 일상생활을 설명해주고 있는 책으로 다소 서양 중심적)

6. 다큐멘터리 시청 : 고대 유적지와 고고학적 발굴지, 현재 진행 중인 사건이나 전쟁, 인권 투쟁의 현장 장면이 담긴 다큐멘터리 영화를 관람한다.

7. 올림픽 중계 시청 : 지구본이나 구글맵을 준비한 후 참가국 입장 퍼레이드를 보며 여러 나라를 구별해본다. 나라별 언어와 수도를 알아본다. 자국 외에 게임을 지켜보고 싶은 나라를 골라보고 주최국에 대해서도 배워본다.

20장
디지털 세상에서
공부불꽃에 대한 힌트 얻기

우리는 실감 나는 시뮬레이션과 기술적인 혁신으로 세상을 창조한다.
우리는 새로운 기준을 제시하여 세상을 창조한다.
무엇보다 중요한 것은 우리는 재미있는 세상을 창조한다는 것이다.

Richard Garriott(포타라리움 부사장·게임 개발자)

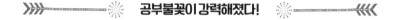 **공부불꽃이 강력해졌다!**

아이를 위해 PBL(랭킹 게시판)을 만들어주는 것은 어떨까? 구구단표 정복의 동기부여를 위해 랭킹 게시판의 아이디어를 활용해서 막대 그래프로 곱셈 성취도 차트를 만들어주자. 한 단을 뗄 때마다 아이가 성취도 평가 막대에 색을 칠한다. 그래프의 막대가 점점 높아질 때 진전도를 눈으로 직접 볼 수 있다.

또한 아이에게 통제력을 부여해주기 위해서는 목표를 정하게 해주거나, 아늑한 공부 환경을 꾸며주거나, 해당 과목의 공부 시간을 스스로 정하게 해주자.

게임을 공부의 적으로 삼지 마라. 게임 전략 중에서 일부분을 채택해서 응용하면 학습능력이 커지는 긍정적인 부분도 있음을 기억하기 바란다.

종류를 막론하고 카드게임은 온 가족이 함께 해보기를 권한다. 그러다가 기존 게임을 본떠서 독창적인 게임 혹은 가족만의 룰을 만들어서 해볼 수 있다. 실내에서만 즐기는 게임에서 그치지 말고 몸을 쓰는 야외 게임도 즐겨보길 바란다.

온라인 게임이 문제일까

이번에는 게임 이야기를 해볼까 한다.

　내가 아는 대부분의 부모는 테이블탑 게임(보드 게임, 카드 게임, 주사위 게임 등 보통 탁자에서 즐기는 게임의 통칭)이 아이들에게 유익하다고 여긴다. 하지만 온라인 게임과 컴퓨터 게임에 대해서는 반대로 생각한다. 컴퓨터로 하는 게임은 아이의 지능을 위협하는 요소로 중독성이 강하다며 걱정하기 마련이다. 일단 부모들이 대체로 유익하다고 생각하는 게임부터 살펴보겠다.

　테이블탑 게임이라 불리는 일종의 보드 게임은 잔소리를 하지 않으면서도 많은 것을 가르쳐준다. 계산, 돈 분배, 읽기, 순서대로 돌아가면서 하기, 전략 적용, 어휘 정리, 우정을 지키면서 이기고 지기, 집중력 유지, 반복, 주사위 읽기 등 열거하면 끝도 없다. 카드게임도 마찬가지다. 게다가 아이들에게 카드 한 벌만 있으면 얼마나 무수한 게임을 벌일 수 있는지도 알려준다. 테이블탑 게임은 학업 기량뿐만 아니라 전략적 사고력까지 배울 폭넓은 기회를 열어준다.

온라인 게임 역시 구조가 다르기는 해도 유사한 특징을 띤다. 온라인상의 맞수를 상대로 게임을 하면서 전략, 규칙 지키기, 읽기, 계산, 집중력 유지, 정중하게 이기고 질 줄 알기, 이야기 속으로의 몰입 등을 배운다. 아이들이 이런 온라인 게임에 끌리는 이유 중에 하나는 자신만의 액션 스토리Action story를 세우기 때문이다.

이런 관점에서 보면 게임은 종류를 막론하고 아이들에게 유익한 기량과 적성을 아주 많이 길러준다. 그런데 왜 부모는 아이가 온라인 게임을 하면 걱정할까? 그것은 테이블탑 게임과 온라인 게임의 가장 큰 차이점을 생각해보면 쉽게 알 수 있다. 대체로 대부분의 테이블탑 게임은 공개된 장소에서 한다. 모두가 볼 수 있게 방 한가운데서 게임을 한다는 특징이 있다. 온라인 게임은 화면 안에 가려져 있고 게이머만의 상상력을 점유한다. 도대체 어떤 게임을 하고 있는지 확인하기가 쉽지 않다.

아이에게 "네가 게임하는 모습을 지켜보고 싶어"라고 말하자. 의자를 끌어다가 옆에 앉아서 한 시간 동안 아이가 어떤 온라인 게임을 어떻게 하는지 구경해라. 그러면 온라인 게임에 대한 선입견을 떨칠 수 있을 것이다. 만약에 아이가 같이 게임하자고 말하면, 모든 일을 중단하고 게이머가 돼라. 같이 게임을 하면서 공부불꽃을 타오르게 할 수 있다.

디지털 세상에서 공부불꽃에 대한 힌트 얻기

애플 워치는 현대인에게 가장 훌륭한 운동 파트너다. 이런 디지털 기기의 설계자들이 동기부여의 비법으로 활용해온 것이 바로 수량화와 축하다. 게임 배지에서부터 '좋아요' 버튼에 이르기까지 인간은 성취를 평가하고 기념할 기회에 무한한 애착을 느낀다.

애플 워치를 가지고부터 계단 오르기를 즐겨 하는가? 계단 오르기는 심장마비를 예방하는 데 도움이 된다. 하지만 애플 워치 소유자들은 그래서가 아니라 손목시계가 계단을 더 잘 인식한다는 이유 때문에 계단 오르기 운동을 선호하는 것 같다. '생과 사'라는 철학적인 개념은 멀게 느껴지지만 손목에서 밝은 원이 반짝이며 완벽히 채워지는 모습은 즉각적인 만족감을 준다. 건강을 위해 운동하고 있지만 매일매일 배지를 얻기 위해 운동하기를 포기하지 않는 이유도 이와 비슷한 이치 때문일 것이다. 이런 게임적 요소를 각 공부 과목에 유용하게 활용하려면 어떻게 해야 할까?

노력과 축하 사이의 최적점을 찾아내는 데 주력하는 게임화 이론으로 공부불꽃을 당겨주자. 아이들은 축하의 음악, 번쩍임, 종소리, 손에 넣은 도구에 기대 다음 도전에 착수할 동기를 키운다. 아이라면 누구나 이런 기대할 거리가 필요하다.

1. 이야기: 주인공과 맞수, 환상적인 목적지, 피해야 할 실수를 다룬 이야

기를 실감 나는 게임을 하듯 들려준다.

2. 즉각적인 피드백: 마우스를 클릭해가며 바로 알 수 있고, 꼭 필요한 어떤 일에 대해 의문을 풀어준다.

3. 재미: 음악, 번쩍번쩍하는 불빛, 종소리, 보기 좋은 이미지, 위험감수로 얻는 마법 같은 결과에 흠뻑 빠진다.

4. 난이도가 점점 높아지는 단계적 학습: 너무 쉽지도, 너무 어렵지도 않은 난이도로 공부한다.

5. 정복감: 레벨 업이나 팀 합류, 반복적으로 공부해서 성취한 기쁨을 느낀다.

6. 진전도의 지표: 점수, 게임 배지, 일명 PBL[Points(점수), Badged(배지), Leaderboard(점수판)라고도 부르는 랭킹 게시판]은 공부의 동기 부여를 강화한다.

7. 사회적 유대: 게임 중의 채팅, 남들과의 실력 비교를 하면서 사회성이 싹튼다.

8. 통제력: 게임 시간, 캐릭터나 무기나 도구의 선택 등에서 더 하고 싶고 가지고 싶은 마음이 들다가도 자기 자신을 다스릴 줄 안다.

21장

요즘 공부불꽃을 타오르게 하는 최고의 놀이는?

삶은 찬양하고 축하할수록
더욱더 그럴 일이 생긴다.

Oprah Gail Winfrey(세계에서 가장 영향력 있는 여성·방송인)

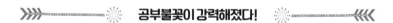

공부불꽃이 강력해졌다!

아이들과 캘리포니아 역사를 공부할 때, 문득 파티를 열어보자는 생각이 들었다. 그래서 나와 노아는 다른 홈스쿨 가족들을 초대해 골드 러시(gold rush)(금이 발견된 지역에 노동자들이 대거 이주했던 현상을 지칭하는 말) 파티를 열었다.

우리는 파티의 즐길거리로 '서터 개울에서 금 채취하기' 게임을 준비했다. 노아는 직접 지도까지 그리는 열의를 보였다. 금 채취장의 인공수로를 꾸며놓고, 사금을 담은 모래 상자, 정원용 호스도 준비해두었다. 파티를 준비하며 노아는 역사적 인물도 조사했다. 우리는 가려낸 사금을 담을 작은 가방 여러 개를 직접 바느질해서 만들기도 했다. 사금의 무게를 잴 저울을 준비해서 채광자들이 감초사탕이나 사르사파릴라(사사프라스 나무 뿌리로 만든 음료) 등 간식거리를 사먹을 수 있게 테이블을 꾸몄다.

저녁식사 때는 프랑크푸르트 소시지와 콩을 불에 구우며 다 같이 노래를 불렀다. 정말 유쾌하게 막을 내린 파티였다.

이런 파티 지향적 사고방식은 어떤 과목과도 접목할 수 있다. 공부와 파티가 별개라고 생각한다면 큰 오산이다. 파티는 1년에 한 번이라도, 아이의 학습 체험에 짜임새와 즐거움을 보태주기에 충분한 이벤트다. 조금만 여유롭게 생각한다면, 오늘 저녁에라도 파티를 열지 못할 이유는 없지 않은가.

모든 과목과 어울리는 파티 지향적 사고방식

1970년, 나는 공립 중학교에 다녔다. 이 학교에서는 매해마다 7학년 전 학생이 온 종일 르네상스 페어Renaissance Faire(중세 축제)를 벌였다. 학생들은 전시장과 공연을 즐기려면 장사를 하거나 물물교환 실력을 발휘해야 했다. 우리는 수업 시간에 중세 시대 의상을 만들었다. 사료 조사를 통해 중세 사람들의 생활상을 공부하기도 했다. 이 축제는 매해 봄마다 열렸고 그때마다 모든 7학년생이 수업에서 빠지고 축제에 참가해 양초를 만들거나 가죽을 무두질하거나 광대 공연을 벌였다.

이런 경험 때문인지 모르겠지만 나는 종종 아이들의 그 어떤 성과에도 축하를 해주려고 아이디어를 짜낸다. 그것이 비록 공부와 관련된 일이 아닐지라도 말이다. 다음은 그 파티에서 배운, 집에서 시도해볼 만한 몇 가지 아이디어들이다. 참고해보면 이 외에도 우리 가족만의 멋진 파티 아이디어들이 떠오를 것이다.

1. 북클럽 파티 : 《해리 포터》 시리즈, 그 외 다양한 책을 주제로 한 북클럽 파티를 연다.

2. 수학 파티 : 탁자 위에 수학 교구를 놓아두고 수학 문제들을 A4용지에 적어서 자유롭게 널브러뜨려놓는다. 노트나 화이트보드도 함께 준비해둔다. 득점표를 적으면서 풀이한 정답과 시도한 노력을 기록한다.

3. 태양계를 주제로 한 티 파티 : 망원경이나 쌍안경으로 밤하늘을 관측한다. 별과 행성을 주제로 쓴 시를 읽는다. 달 모양의 사과 슬라이스와 별 모양으로 자른 치즈 등 다과를 준비한다. 행성을 순서대로 외워본다.

4. 보고서 : 관심 있는 주제를 하나 골라서 보고서를 쓰기 위한 자료조사를 한다. 친구들을 초대해서 자료조사로 배운 것을 체험하게 한다. 사실과 삽화로 꾸민 포스터를 장식한다. 음식을 준비하거나 전통 의상을 입어본다. 지도를 그려놓고 전 세계의 다양한 나라 수도에 별 스티커를 붙인다. 파티를 마치고 나서 보고서를 써본다.

5. 과학 실험 파티 : 자르지 않은 생닭 한 마리를 가져다놓고 살펴본다. 날개, 다리, 목, 가슴, 내장을 구분해본다. 겉 깃털, 날개깃, 솜깃 털과 같은 깃털을 조사한다. 새소리를 듣고 무슨 새인지 맞춰본다.

아이의 공부불꽃을 강력하고 거세게 만들어줄 아이디어들이다.

파티는 색다른 공부가 된다

파티를 열기 위해서는 여러 가지 준비할 것들이 많다. 파티에는 손님, 음식, 게임, 활동 거리, 파티 경품, 파티 장식, 음악이 있어야 한다. 이때 아이에게 파티 준비라는 색다른 공부 임무를 부여해주면서 함께 어울려 축하하는 특별한 체험을 시켜주자.

아이들은 파티 당일까지 모든 준비를 완료하는 데드라인 맞추기 체험, 초대장 쓰기, 손님 초대하기, 파티 준비와 청소, 관련 방면에 대한 능숙함 쌓기 등 다양한 방면에서 새로운 기량을 쌓기도 한다.

공부가 경직되고 활기가 없어지면 그 과목에 공부불꽃 당기기를 위해 파티를 결합해보자. 물론 그러다가 이런 의문이 생길 수 있다.

'파티 때 질서를 지키려면 어떻게 해야 할까?'
'학습의 진전도를 평가하면서 더 포괄적인 교육 목표 예를 들어, 고등학교 과정을 뗀다거나 학년별 수학 진도를 착착 잘 따라가고 있는지 확인해볼 방법은 없을까?'

이 의문을 해소하는 방법은 다음 장에서 다룰 것이다.

187

22장

학습 진도를 파악하는
아주 획기적인 방법 2가지

여름방학 동안 학교는 끝이야.
학교는 영원히 끝이야.

Alice Cooper(음악가)

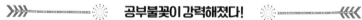 **공부불꽃이 강력해졌다!**

아래는 홈스쿨연맹 회원 크리스티나가 쓴 이야기 스케치의 한 사례다. 홈스쿨
에 대한 예찬이 고스란히 드러나 있다. 일반적인 학교 수업으로는 도저히 할 수
없는 일들을 홈스쿨은 해낸다. 어떤 엄마든지 할 수 있는 일이다. 홈스쿨의 공부
불꽃은 한번 일어나면 매우 강력하다.

　우리는 오늘 하루를 도서관 방문으로 시작했다. 매주 이번에는 아이들이 뭘 배우고

　싶어 하며 어떤 책을 고를지 기대된다. 아이들은 책장을 둘러보며 뭐든 그 순간에

　마음에 드는 주제에 대해 읽고 싶은 책을 찾으며 즐거워한다. 이번 주의 주제는 곤

　충과 양서동물인 모양이다. 놀랄 일도 아니다. 여름방학에 접어들고 며칠 동안 일몰

을 기다리다 반딧불이와 두꺼비를 잡으며 놀았으니 그럴 만도 하다.

이런 시간을 고대하는 건 아이들만이 아니다. 나도 아이들이 반딧불이를 잡으려고 뜰에서 두 팔을 뻗고 소리 지르며 뛰어다닐 때 기분이 더 좋아진다. 어둠 속에서 "찾았다!"라는 소리가 들리는가 싶더니 한 아이가 두꺼비를 들고 길 쪽으로 나오는 모습을 볼 때도 마음이 훈훈해진다.

나는 토트백 세 개에 도서관에서 대여한 책을 모두 담고 느릿느릿 걸어 집으로 돌아온 후 얼른 블랙베리 풀fool(삶은 과일을 으깨어 우유 또는 크림에 섞은 것)을 얼른 만들기로 한다. 오늘은 화요일이라 티타임을 갖는 날이다.

우리는 에밀리 젠킨스의 《산딸기 크림봉봉A Fine Dessert》을 읽기로 한다. 4세기에 걸친 네 가족이 똑같은 디저트를 만들어 먹는 이야기다. 책을 읽으면서 우리도 그 디저트를 만들어 먹으면 재미있겠다는 생각이 들었다. 티타임에는 보통 시를 읽거나 예술가에 대한 공부를 하지만 오늘은 조금 변화를 주고 싶었다.

블랙베리 풀을 냉장고 안에 넣어놓고 시원해지길 기다리는 동안 딸은 자리에 앉아 《안데스의 비밀Secret of the Andes》의 발췌 문구를 받아쓰기했다. 그런 뒤에는 과학일지에 나비의 몸 구조와 일생을 정리하기 위해 그림을 그릴 것이다.

블랙베리 풀은 아직 냉장고에 시원하게 넣어둔 채로, 세 아이가 다 같이 거실에서 로봇 오토바이 프로젝트를 벌이며 끈기 있게 티타임을 기다리고 있다. 나는 이런 순간들이 너무 행복하다.

오늘은 수학 수업을 하지 않고 계량을 많이 해야 하는 요리 수업을 응용해 공부하기로 했다. 오후에는 각자 조용히 독서 시간을 가지면서 느긋하게 보내려고 한다. 밤에 영화를 보는 것도 괜찮을 듯하다.

늘 오늘처럼 느긋하고 평온한 건 아니다. 바로 이 점이 우리가 홈스쿨에서 느끼는 매력이다. 우리는 하루하루를 있는 그대로 받아들이고 우리의 기분과 흥미에 따라 보내면서 설레는 마음으로 다음에는 무슨 일이 일어날지 기대한다.

이제는 블랙베리 풀이 시원해졌는지 보러 가야겠다.

이야기 스케치는 직접 써보아야 그 효과를 실감한다. 여기 한 페이지를 할애해서 위의 사례처럼 아이와 다양한 경험을 함께한 하루의 이야기를 써보자.

학습 진전도 평가

홈스쿨을 통해 수업이 원활히 진행되고 아이와 감정의 교류가 잘 되고 있다 하더라도 엄마는 걱정이 되지 않을 수 없다. "도대체 내가 잘 학습시키고 있는 걸까?" "이 정도면 학습 진전도가 어느 정도일까?" 대다수 엄마는 아이가 적절한 진도에 맞춰 제대로 학습을 해나가고 있는지에 대한 불안감에 직면한다. 어떻게 확인해야 할까?

공부하기를 괴롭게 느끼게 하는 가장 빠른 지름길은 계획 세우기에 너무 의지하는 것이다. 홈스쿨에서는 그때그때의 영감대로 공부 불꽃을 일으키는 게 측정할 수 없을 만큼 학습 의지에 커다란 기여를 한다.

내가 짰던 최고의 홈스쿨 수업 대부분은 나도 의식하지 못하는 사이에 우연히 멋진 학습 체험으로 꽃피어났다. 무의식적으로 일어난 학습이기는 했지만 의도적이고 사색적으로 이루어진 것이었다. 나는 그 과정을 정리해보았더니 놓친 부분이 눈에 들어왔다. 그달에 어떤 과목을 중시하지 못했는지도 파악되었다. 나는 영감에 따르는 학습의 역할 비중을 높였고 시간이 지날수록 이 방식에 대해 더욱 신뢰했다.

아이의 학업 진도를 파악하기 위해서 달력에 활동과 학습 체험을 기록하는 방법만이 다가 아니다. 지금부터 소개할 도구 두 가지는 학업 진도 파악에 혁신을 일으킬 것이다. 그것도 아이의 평범한 날을 위해 세워둔 일과는 물론 재미있는 영감이 찾아오는 주에도 두루두루 쓰일 효과적인 도구들이다.

첫 번째 도구 월간 이야기 스케치

지금부터 채점 가이드에 따른 평가는 접어라. 이야기에 따르는 스케치로 시선을 옮겨보자. 아이가 학교 과제로 리포트를 써내면 교사는 그것을 읽고 틀린 부분을 표시하고 내용을 평가한다. 그런 다음 A, B, C 따위의 점수를 매긴다. 이런 점수는 부모에게 아이의 수행력이 동급생들과 비교해서 우수한지, 평균인지, 열등한지를 알려줄 뿐이다. 여기에는 아이가 그 리포트를 쓰기까지 지나온 과정에 대한 설명은 전혀 담기지 않는다. 홈스쿨을 하면 학교 교육의 이러한 평가 방식을 버리게 된다. 평가의 방식을 바꾸면 아이가 적절히 배우고 있다는 확신에 안심할 수도 있고, 아이의 어려움과 장점에 더욱더 바람직한 관심을 기울여줄 수도 있다.

내가 제안하는 평가 방식은 매달 하루 동안 홈스쿨의 24시간 이야기를 스케치해보는 것이다. 홈스쿨은 특성상 6시간의 지도만으로 제한되는 생활이 아니기 때문에 공부가 쉬는 시간에 일어난 사건과 대화도 간단히 적어둘 필요가 있다. 그러니까 치과에 가는 길에 충치가 어떻게 생기는지에 대해 나눈 인상적인 대화나 1학년인 아이가 목욕을 하며《아기 돼지 삼형제》이야기를 암송한 일도 중요하다는 뜻이다.

레고 쌓기에서부터 온라인 게임, 축구나 발레 연습에 이르기까지 온갖 활동을 망라해 이야기 스케치를 하다 보면 아이가 항상 배우고 있다는 사실을 깨닫는다. 배움의 원천은 엄마가 알고 있던 것보다 많다는 사실도. 그뿐만이 아니다. 아이가 어려워하는 부분에 관심을 더 잘 기울여주며 어려움을 해결해줄 새로운 방법도 찾아보게 된다. 아이의 교육에서 한동안 다루지 않았던 부분에도 주목할 수 있다. '과학 실험을 안 해본 지가 두 달이나 되었네'와 같은 식이다.

이야기 스케치에는 아이가 단어를 아직 제대로 발음하지 못해서 울음을 터뜨린 일을 당연히 기록한다. 열한 살짜리 아이가 손글씨 쓰기가 힘들다고 투덜거린 일을 써넣어도 된다. 한 달에 한 번씩 이런 이야기 스케치를 적으면 아이의 시험 점수가 낮아서 걱정과 수치심을 느끼기보다 집에서 어떤 공부불꽃이 일어나고 있는지에 대한 진실을 관대하게 직면할 수 있다.

이 이야기 스케치를 통해 엄마는 사실상 자신이 학습 생활을 주도하고 있을 뿐만 아니라 결국 아이가 교과목 영역과 개인적인 발달에서 의미 있는 진전을 이루고 있다고 느끼며 안심하기도 한다. 3월의 이야기를 5월과 9월의 이야기와 비교하면서 아이가 얼마나 발전했는지 짚어볼 수도 있다. 신경 써야 할 부분도 확인된다. 10월에 아이가 손글씨 쓰기에 어려워하는 것이 일시적인 일인지 아니면 그냥 넘어가서는 안 될 신체적 결함의 신호인지 생각해볼 수 있다.

　나는 이 이야기 스케치를 시작하면서 매달 정리한 것을 개인 블로그에 올렸다. 그렇게 하면 이야기와 함께 사진을 함께 올릴 수 있어서 더욱 효과적이다. 워드 문서로 작성하기를 좋아하는 엄마가 있을 수도 있고, 여전히 손으로 노트 일지에 쓰기를 선호하는 엄마도 있을 것이다. 어떤 식이든 이야기 스케치를 꾸준히 이어가도록 의욕을 자극해줄 만한 아래의 수단을 활용해보자.

월간 이야기 스케치 예시

- 대화 : 아이들이 아무 생각 없이 한 말들, 영화, 말장난, 스포츠, 온라인 게임에 대해서는 물론 온갖 주제를 망라해 가족끼리 나눈 폭넓고 흥미진진한 이야기들

- 읽기 : 아이가 혼자 읽은 책, 웹사이트, 게임 매뉴얼, 노래 가사, 감동적인 문학 작품, 엄마가 아이에게 읽어준 책, 시, 지침서, 웹사이트, 동물원 벽보 등.

- 활동 : 춤, 퀼팅, 양궁, 신발 끈 묶기, 시계 읽기, 스무디 만들기, 형제에게 자발적으로 책 읽어주기, 친구에게 문자 보내기, 그림 그리기, 혼자 목욕하기, 반려동물 기르기, 미술 및 공예 활동, 원예, 조류 관찰, 캠프 참가, 태권도나 좋아하는 운동 등

- 교과목 : 수학 문제의 X값 구하기, 보고 옮겨 적기나 받아쓰기를 하며 문법, 맞춤법, 어휘 익히기, 외국어, 실생활의 활동에 교과목 적용시켜 보기, 협력 수업이나 온라인 수업

- 게임 : 테이블탑 게임, 비디오 게임, 카드 게임, 온라인 게임

- 도중의 활동 : 밥을 먹거나 목욕을 하거나 도서관이나 치과에 가는 평범한 일상 중에 나눈 모든 대화와 사소한 배움의 순간들

- 집안일 : 청소, 빨래, 정리, 식사 준비, 마당 청소

- 자발적 학습 : 영감이 붙잡고 놔주지 않는 순간들

- 난관 : 당신이나 아이가 힘들거나 속상하거나 당황스럽게 느꼈던 일

- 현장학습 : 동물원, 도서관, 미술관, 역사 유적지, 낯선 곳에 가본 일

- 양육 : 아이에 따라 다르게 관심을 가져줄 방법, 모든 아이에게 개별적 관심과 전체적 관심을 두루두루 잘 챙겨줄 방법 고민. 형제 간의 경쟁

이야기 스케치를 쓸 때는 일기를 쓰듯 자연스러운 표현을 쓴다. 체크리스트를 하듯 아이들을 평가하는 표현을 하지 않게 주의한다.

이야기 스케치는 단 하루 동안 일어난 일을 쓴다. 엄마와 아이가 주고받은 대화와 어떤 주제를 다루었는지 기억하기 위해 그날 하루 동안은 꾸준히 메모를 하자. 결심한 그날이 가장 적당하니 다른 날을 고르려고 하지 말자. 어차피 한 달에 한 번씩 계속할 테니 어떤 날이든 상관없다. 그러다 보면 나중에는 엄마의 홈스쿨이 아이에게 어떻게 작동하는지 전체 그림이 보일 것이다. 사실 때로는 엉망으로 꼬인 하루의 이야기를 쓰는 것도 유용하다. 그 글을 쓰던 날의 특수한 상황에 주목해보면 미래를 위한 조율에 도움이 되기 때문이다.

월간 이야기 스케치의 목적은 당신의 집에서 공부가 지속적으로 이루어지고 있다는 안심을 얻는 데 있다. 이런 식으로 가족의 초상을 그려보면 어려운 상황을 어떠한 판단도 없이 너그러운 시선으로 엿보게 된다. 이야기를 써나가다 보면 최근에 치열 교정기를 조정하는 바람에 입안이 너무 아파서 집중하기가 힘들어졌다는 사실과 같은 피로했던 원인에도 주목하게 된다.

가족만의 독특한 학습 이야기가 분명해지기도 한다. 학습 과목들을 서로 어떤 식으로 엮어서 공부하고, 가족이 다 함께 그것을 통해 발전을 이루어가고 있는지가 뚜렷이 보인다.

두 번째 도구 스크랩북+일기=스캐터북

내가 추천하고 싶은 두 번째 도구는 일명 스캐터북Scatterbook이다. 스크랩북과 일기는 익숙할 테지만 스캐터북은 처음 들어봤을 것이다. 스캐터북은 이런저런 잡다한 메모를 모아놓은 노트를 일컫는 것인데, 내 나름대로 이름을 붙였다. 나는 여기에 메모할 때 내용을 깔끔하게 나누지도 않고, 확실히 구분해놓지도 않았다. 물론 취향에 따라 구분하는 편이 효과적일 것 같다면 그렇게 해도 된다. 이 스캐터북에 적었던 다음과 같은 다양한 메모들은 내가 더 나은 홈스쿨 교사가 되는 데 도움을 주었다.

196

스캐터북 메모 예시

‑ 교육이나 특정 교과목에 관련된 책을 읽다가 떠오른 생각 간단히 적기

‑ 밝은색으로 추상적인 모양을 그린 후에 앞으로 자주 살펴보게 될 분야

  에서 동기를 유발해줄 만한 개념의 키워드를 그 위에 적기

‑ 학습이나 양육과 관련된 요긴한 인용문 옮겨 적기

‑ 책, 조류, 공원, 볼 만한 연극, 가족이 좋아할 만한 영화, 웹사이트, 현장

  학습이 가능한 사업체, 화가, 뮤지션, 셰익스피어 공부에 유용한 교재,

  의미 깊은 시 등 온갖 목록 적기

‑ 스스로 깨우친 미술 감상 요령. 그림 배우기

‑ 아이들 각자에 대한 메모. 관심을 더 써줘야 할 아이

‑ 아이들을 가르치면서 나도 배우게 된 내용에 대한 학습일지

스캐터북을 시작하려면 우선 노트가 필요하다. 기능적인 노트든 예쁜 노트든 취향대로 고르자. ‘에버노트’ 같은 앱을 활용해도 괜찮다. 그러고 나서 바로 시작하자. 특별한 날을 시작 일로 정해놓고 기다리지 말자. 아이의 학습 모험에 대한 프리라이팅으로 스캐터북의 시동을 걸어보면 어떨까?

• 내 학창시절의 가장 행복한 기억은 _____.

• 나에게 아이가 없었다면, 나만의 즐거움을 위해 무엇을 공부했을까?

• 지금 깊이 있게 알지 못해서 아쉬운 분야는?

- 내가 _____에 소질이 없다고 말했던 사람이 누구였나?
- 더 행복해지기 위해 내 삶에 한 가지를 추가할 수 있다면 무엇인가?
- 내가 어떤 일에서 얼마만큼 진전을 이루고 있는지 어떻게 확인해볼까?

준비한 노트에 기억할 만한 일들을 적어보자. 스캐터북 안에 편지 봉투 몇 장을 붙여놓자. 그 안에 팸플릿, 연극·영화·뮤지컬 관람표, 각종 영수증, 전단을 넣어두어도 좋다. 디지털 메모장에 스캐터북을 기록할 경우에는 이런 증빙 자료를 사진으로 찍어서 한 폴더에 따로 보관하면 된다.

각 주제별로 페이지마다 라벨도 붙여보자. 아이들이 해당 주제를 학습할 때 어떤 반응을 보이고 무슨 말을 하는지 기록하는 것이다.

월간 이야기 스케치와 스캐터북 두 도구를 제대로 잘만 활용하면 엄마는 홈스쿨 교사로서 탄탄하게 기반을 다질 것이다.

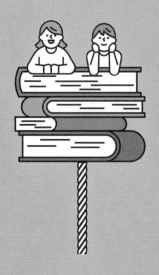

제 4 부

엄마의 삶에도
불꽃 당기기가 중요하다

23장
공부가 잘되는 집을
꾸미려면

시끄럽고 여기저기 부서지고 난장판이 될지라도
아이들이 활발히 뛰놀 만한 그런 곳. 집은 그래야 한다.
그게 아이들에게 마법에 걸린 듯 황홀한 집을 선물하는 것이니까.

Thomas Moore(시인)

공부 불꽃=유대, 유대, 유대!

엄마가 홈스쿨과 집안일을 병행하다 보면 누군가의 도움이 필요할 수밖에 없다. 나는 공부를 하면서 매일 집을 쓸고 닦는 부지런한 엄마는 아니었다. 그래서 어질러진 상태가 내 힘으로 감당이 안 될 정도면 아이들에게 도움을 청했다.

"주방에 설거지할 그릇이 잔뜩 쌓여 있네. 누가 시간 되면 식기세척기에 그릇 넣는 것 좀 도와줄래? 그래 주면 정말 고맙겠어!"

물론 아무리 진심이 담긴 부탁이더라도 알았다는 대답을 강요할 수는 없다. 아이들은 부탁을 거절할 때가 많았다. 그러면 나는 인내심을 갖고 아이들이 어질러놓은 것을 치우며 나에게 중요한 기준에서의 기본적인 정돈 상태를 유지시켰다. 그러다가 어느 날, 리암이 처음으로 알았다고 대답했다. 아직도 그날이 기억에 생생하다.

그때 리암은 컴퓨터에서 눈을 떼고는 "이 레벨 깨고 나서 도와드릴게요"라고 말했다.

그러더니 정말로 그렇게 했다. 나는 놀라서 까무러칠 뻔했다.

몇 달 후에는 밤늦게 설거지를 하고 있는데 리암이 큰 소리로 불렀다.

"엄마, 들어가서 주무세요. 오늘 밤늦게까지 안 잘 거니까 나중에 내가 설거지할게요."

힘듦을 숨기지 않고 도움을 요청한 나의 행동은 가족 모두를 변화시켰다. 나는 아이들이 허드렛일을 하는 것보다 엄마 도와주기를 더 좋아한다는 사실을 알았다.

"나도 어서 빨리 모두에게 책을 읽어주고 싶어! 여기를 좀 치우면 바로 읽어줄 수 있을 텐데. 누가 나 좀 도와줄래? 지금 치우면 딱 좋은데!"

내가 도움을 받아야 함을 인정하자 아이들은 나에게 베풀어주었다. '베풀기'는 기본적으로 '복종'과 느낌부터가 다르다.

아이들이 도와주면 나는 진심을 다해 고마움을 표현했다. 덕분에 우리의 관계는 게으름을 들먹이며 인신공격을 하기보다 서로에게 마음을 써주는 쪽으로 바뀌었다.

소박하고 편안한 우리 집이 최적이다

홈스쿨을 하는 대부분의 엄마들은 수년 동안 매일매일 아이들의 온갖 필요와 요구에 응한다. 아이들을 돌보고 교육하면서 이 홈스쿨의 끝은 성공적일 것이라는 환상을 갖는다. 아이를 잘 교육하고 정서적으로 온전하고 책임감 있는 성인으로 키워내기라는 희망 말이다.

그러나 무엇보다 우선되어야 할 것은 가족 간의 끈끈한 유대다. 유대와 즐거움의 영향을 활용하면 생활과 교육이 서로 하나라는 것을 깨닫는다. 우리에게 필요한 모든 것은 애정과 학습으로 안전하게 감싸주는 가정 안에서 다 찾을 수 있다.

우선 한 가지 사실을 분명히 짚고 넘어가야 한다. 집에서 공부를 하다보면 지저분하게 어질러지기 마련이다. 아이들이 많을수록 더 심하다. 가족이 하루 온종일을 똑같은 사각형 공간에서 지내면 모델 하우스같이 깨끗이 살림을 꾸리기는 어렵없는 일이다.

과연 홈스쿨을 하기에 이상적인 '집'이 존재할까? 존재한다.

바로 지금 살고 있는 우리 집이다. 집을 공부하기에 마땅한 기분 좋고 안전하며 호기심을 일으키는 요소가 아주 많은 곳으로 만들어보자. 여기서 핵심은 아주 간단하다. 우리 집을 최대한 활용하라는 것. 집이 꼭 주택일 필요는 없다. 아파트나 다세대, 다가구여도 괜찮다. 크거나 작아도 되고, 뜰이 있거나 없어도 된다. 가구와 바닥재에 신경을 덜 쓸수록 엄마표 홈스쿨이 되기에 매우 적합한 이상적인 집이 된다.

요즘 TV프로그램이나 온라인에서 보여주는 집들은 너무 과분하고 부담스럽다. 목가적인 전원에서 반￦농가 생활을 하는 홈스쿨 가족의 모습을 보고 있노라면 다소 위축되기도 한다. 이런 아름다운 집에서만 홈스쿨을 할 수 있다는 고정관념은 버려라.

처음 홈스쿨을 시작할 때는 나도 프랑스풍 현관을 나가면 바로 개울물이 흐르고 블랙베리 덤불이 펼쳐진 집에 살아야 하나? 짙은 회갈색 벽, 아직 다 완성되지 않은 책장, 목재 빔이 노출된 높은 천장이야말로 가장 자연스러운 학습 체험을 위해 필요한 곳일까? 닭을 키우지 않거나 유기농 정원을 만들지 않으면 제대로 못하는 게 아닐까? 이런 생각들을 했다. 이제는 그런 이미지들을 버렸다.

지금 나는 도심 아파트 8층에서 살고 있다. 현실은 그렇다. 우리 집이 바로 우리 가족에게 제격인 홈스쿨 장소다. 우리가 지금 사는 집에서도 엄마표 학습의 기회는 넘쳐난다.

엄마표 홈스쿨의 관건은 장소가 아니다

자연스러운 공부불꽃을 북돋기 위한 최상의 장소로 시골 근교의 농가 같은 곳을 떠올리기 쉽다. 내가 살던 곳은 캘리포니아주 남부의 연립주택이었다. 그곳에서 우리 가족은 자연 일지를 쓰기 위해 참새와 향나무 덤불을 자세히 관찰했다. 주방은 요리하기에 너무 좁았고, 울타리가 있는 마당도 없다보니 지나가는 자동차에 다칠 위험이 있어서 아이들을 자유롭게 나가 놀게 할 수도 없었다.

놀라지 마라. 나는 그곳에서 홈스쿨 최고의 해로 손꼽는 5년을 보냈다. 우리 가족은 연립주택과 그곳 주변 온 동네의 구석구석을 최대한 활용했다. 나는 격식을 갖춘 거실을 꾸미는 일에는 관심이 없었다. 아이들에게 멋진 교육 체험을 해주는 데에만 온 관심을 기울였다. 동네를 탐방하다가 우리 가족은 마른 강바닥을 발견했다. 그곳에서 하이킹을 했고, 자주 바다에 나갔다. 나는 거실에 미술 탁자를 항상 준비해두었고 매주 금요일 밤에는 가족 다 같이 빵을 만들었다.

가족 다 같이 미술관에 다녀오고 나서 집 안 한쪽 벽에 인쇄판 명화들을 걸어놓았다. 나는 주방을 가로질러 빨랫줄을 늘어뜨렸고, 옷이 아니라 아이들의 미술작품을 걸었다. '월셋집인데…, 집을 얻었을 때처럼 원상복구를 해놔야 하는데 괜찮을까?' 이런 생각은 접어두었다. 카펫 얼룩에 신경 쓰지 않았다. 아이들의 체험이 더 중요했으니까!

우리는 싸게 산 중고 가구를 최대한 활용하기도 했다. 조안나가 그림물감으로 소파에 그림을 그렸을 때는 그냥 이렇게 생각했다.

'뭐 어때. 겨우 50달러 버린 셈인데.'

그러고는 그 위에 담요를 휙 걸쳐놓고 넘어갔다.

그 수년 동안 이웃에 살던 도티는 집의 공간을 최대한 활용하는 방면으로 재주가 비상했다. 아들이 망치와 못, 나무판자로 요새를 만들고 싶어 했을 때는 마당이 없는 불리한 상황에서도 주차 공간을 활용해 성채를 세우게 해주었다.

인구밀집도가 높은 곳에 사는 이점은 매우 컸다. 가고 싶은 곳이 모두 8킬로미터 내에 있었다. 우체국, 실내암벽등반 체육관, 도서관, 청소년단체, 공원, 자연학습장, 발레 교습소, 축구 연습장, 언어치료 센터, 생산자 직거래 장터가 모두 가까이에 있었다. 내가 이런 소개를 구구절절 하는 이유는 현재 우리 가족이 사는 집이야말로 특유의 엄마표 학습 기회로 넘쳐난다는 말을 하고 싶어서다.

홈스쿨을 위해 다른 어딘가에 더 좋은 집은 없다. 엄마표 홈스쿨의 관건은 집이 아니라 공부불꽃에 있다. 지금 살고 있는 집의 잠재성을 최대한 활용하면서 부족한 부분은 자동차 이동으로 보충하면 된다.

내 집의 장점 살리기

내가 아는 한 가족은 캐나다 토론토의 시내에 살았다. 그 엄마는 소형 아파트에 살면서 북적이는 도시 거리가 내려다보이는 창문 바로 아래에 학업용 탁자를 놓아두었다. 그래서 아이들은 문법을 공부하다가 지나다니는 자동차들을 구경했다. 장마철에는 무섭게 내리는 폭우를, 겨울에는 가로등 아래로 비치는 눈송이를 감탄하며 바라보기도 했다. 또한 아이들이 풀썩 기대앉아 책을 읽고 싶어지게 만드는 편안한 소파와 두 개의 의자도 놓아두었다. 벽은 책장으로 꾸몄다. 이

가족은 미술관에서부터 극장에 이르는 도심지의 온갖 다양한 활동 거리를 손쉽게 이용했다. 이렇듯 도시 생활에는 공부의 기회가 가득 차 있다.

아이다호주의 보이시라는 도시에서 만난 가족은 정반대의 선택을 했다. 도시 외곽으로 이사를 갔다. 아빠가 목공 전문가인 이 가족은 반려견, 알 낳는 닭, 염소 여러 마리를 키우고 있었다. 목공 프로젝트 작업장, 토끼장, 활쏘기 연습장을 위한 공간도 마련했다. 도심지의 집에서라면 어림도 없는 일들이다.

우리 가족이 어떤 유형인지 생각해보라. 셰익스피어, 영화, 발레에 매력을 느낀다면 집 한쪽을 미디어센터로 변신시키는 것은 어떨까? 가족이 원예에 재능이 있다면 넓은 마당이 딸린 집을 구하자. 아이들과 함께 식물 기르기를 하면 최상의 만족을 누릴 수 있을 것이다. 가족의 성향과 문화가 무엇이든 간에 집을 무대로 삼되, 지금의 터전이 그런 활동을 받쳐주지 못한다면 자동차로 이동해서 원하는 활동을 펼쳐보자.

다른 가족이 사는 집의 장점만을 이상화하며 부러워하지 마라. 그럼에도 불구하고 이사가 홈스쿨을 펼치기에 최상의 방법일 것 같다는 직감이 들 정도라면 가도 좋다.

내 언니는 농촌마을의 큰 집에서 살다가 바닷가의 작은 월셋집으로 이사했다. 서핑을 좋아하는 가족이 매일 바다로 나갈 수 있는 곳에서 살기 위해서였다. 그 가족에게는 넓은 집보다 바다가 더 절실

했던 것이다. 또한 내 친구 중에 한 명은 가족이 미네소타에서 하와이로 이사했다. 수상스포츠에 열광했기 때문이다. 내가 아는 또 다른 가족은 아이들 아빠의 5주간 휴가 기간 동안 다른 여러 나라를 여행하며 월드스쿨world-school을 했다. 집은 임대했다. 여행을 위한 최대한의 유연성을 원하는 가족에게 주택을 소유하는 것은 별 의미가 없었으니까.

나와 가족의 성향을 파악해 최상의 삶을 누릴 수 있는 곳으로 이사하기까지는 시간이 꽤 걸릴 수도 있다. 그런 조건을 생각하는 동안 지금 현재 사는 집을 즐겁게 긍지를 가지고 활용해보자. 분명히 그 집도 충분히 만족을 줄 수 있는 곳이다.

공부가 잘되는 집을 꾸미려면

다음으로 지금 사는 집이 1년 내내 홈스쿨의 활동을 북돋아주도록 확실히 살피는 방법을 일러주겠다.

끝도 없이 집안을 이렇게 저렇게 꾸미기보다는 거주하는 그 공간이 공부에 일조하도록 살피는 일에 초점을 맞추자. 벽을 밝고 기분 좋은 색으로 칠하는 것도 매우 추천할 만한 아이디어다. 아이들이 직접 원하는 색깔을 골라서 자기 방을 칠하면 금상첨화다.

아이들이 물감과 반짝이풀을 쓰기 시작했다면 거실에 깔린 낡은 카펫을 그대로 놔두는 편이 훨씬 낫다. 얼룩 걱정을 하면 창의성의 여지를 차단하게 된다. 이때 집을 깨끗하게 유지하는 것은 우선순위가 아니다. 아이들과 공부불꽃을 최우선의 가치로 두어라. 집을 행복한 홈스쿨 공간으로 만들기 위해 다음과 같이 시도해보자.

- 마구 두들겨도 거뜬할 만한 내구성 좋은 가구를 둔다.
- 아이들이 침실 벽에 글씨를 쓰게 해준다.
- 창작 활동이 진행 중인 프로젝트를 언제든 이어서 할 수 있도록 그대로 놔둔다.
- 물건을 찾기 쉽고 담아두기도 쉬운 보관 통을 곳곳 손이 잘 닿는 곳에 둔다.
- 아이들의 연령대에 따라 다양한 높이의 탁자들을 배치한다.
- 벽이나 식탁에 칠판페인트를 칠한다.
- 주방과 가까운 방에 놀이감을 놓아둔다.
- 자기 차례가 되기까지 너무 오래 기다리지 않도록 기기들을 갖춘다. 컴퓨터, 태블릿, TV, 게임, 휴대전화 등을 한 대 이상 두는 것이다.
- 거실에 본체형 컴퓨터를 놓아둔다.
- 여기서부터 여기까지는 아트 프린트, 포스터 전용 공간이라고 할 수 있는 벽면을 허용한다.
- 한쪽 벽에 큼지막한 화이트보드를 붙인다.
- 편안한 의자를 여러 개 여기저기에 둔다.
- 꼬맹이 아이들의 그림책을 놓아둘 낮은 책장을 놓는다.

- 도서관 책과 매일 소리 내서 읽을 책을 놓아둘 바구니를 마련한다.
- 퍼즐, 블록, 레고, 도미노를 즐길 만한 빈 바닥 공간이 있어야 한다.
- 미술 탁자를 둔다.
- 늘 적절한 조명으로 집 안을 밝힌다.

고가의 미술용품을 산다. 저렴한 소파를 과감하게 아이들 창작 놀이용으로 사용한다. 즉, 소파에 그림을 그리거나 색종이를 오려붙이기를 허용하라는 뜻이다. 벽면에 반 고흐의 그림을 걸어둔다. 상자 안에 조류 관찰 도구 예를 들어, 휴대용 도감, 쌍안경, 조류 관찰 수첩 등을 넣어서 새 모이통이 보이는 창문 옆에 놓아둔다. 수학 교구 즉, 컴퍼스, 에그 타이머, 계산기, 모눈종이, 깎아 놓은 연필, 퀴즈네르 수 막대, 동전, 플래시카드 등을 모두 바퀴 달린 통에 같이 넣어둔다. 이는 모두 아이가 창의성을 발현하게 만드는 팁이다.

또한, 모든 교과목 교재는 잃어버릴 일이 없게 보고 나면 매일 같은 곳에 정리해두자. 연필깎이를 연필과 같이 두고 분장놀이용 옷은 바구니에 넣어서 거실 구석에 놓아두면 나중에도 찾기 쉽다. 지구본을 장식품처럼 탁자 위에 놓아두거나 세계대륙 지도가 그려진 러그를 구입해보자. 원소표나 알파벳 등 아이가 배웠으면 하는 내용이 새겨진 식탁매트도 유용하게 활용한다. 자연관찰 산책에서 발견한 것들을 넣어둘 전용 탁자나 유리 책장을 놓아두는 것도 잊지 말자.

학습 지향적으로 집 꾸미기에서의 핵심은 아이가 알고 싶어 하거나 당신이 아이가 알길 바라는 것에 쉽게 접근시켜주기다. 아이디어를 자극시켜주고 나서 그 아이디어를 실행해볼 도구를 주지 않는 것만큼 어리석은 것도 없다.

집이 너무 깔끔하게 정돈되어 있거나 아이가 그때그때 원하는 도구를 쓰기 위해 엄마의 허락을 받거나 어른이 도와줘야 한다면 아이의 더욱 강력하게 타올랐던 공부불꽃은 꺼지고 만다. 학습 도구를 이용하고 싶을 때 바로 가능한 접근 용이성은 탐구력을 키우는 가장 중요한 요소다. 아이의 창의력을 키우기 위해서 엄마는 집을 정돈하기보다 아이가 어지럽히게 내버려두는 일이 훨씬 더 중요하다.

용납해야 할 어지르기에는 무엇이 있을까?

맨발로 다니면 밟힐 정도로 레고 블록 늘어놓기, 물이나 물감 엎지르기, 식탁에 풀칠하기, 방 한가운데에 신발 벗어 던져놓기, 어떤 활동에 푹 빠져서 접시에 음식이 남아 있는데도 신경 쓰지 않기, 변장놀이용 옷 보관 통 옆에 옷 쌓아놓기, 마카 펜을 뚜껑도 덮지 않고 놔두기, 소파에다 미술 활동해놓기, 게임 세트의 일부 구성품 잃어버리기, 의자를 자꾸만 뒤로 기울이다가 다리 부러뜨리기 등 일일이 열거하자면 정말 많다.

꼭 이렇게 하라는 게 아니다. 요점은 엄마의 에너지가 집을 깔끔하고 보기 좋게 정리하는 쪽에 맞추어져 있다면 마법 같은 공부불꽃이 일어나길 기대할 수 없음이다. 공부의 흥미를 일으키는 요소와 완벽하게 깔끔한 집 안 환경은 서로 대립관계다. 둘 중에 하나를 선택해야 한다. 이와 관련하여 유명한 글쓰기 강사 앤 라모트Anne Lamott는 다음과 같이 말했다.

완벽주의란 치울 게 별로 없을 만큼 어지르지 않으려고 기를 쓰는 것이다. 하지만 어수선하게 어질러진 상태는 우리가 살아 있다는 증거다.

집안일 분담으로 당겨주는 공부불꽃

가족이 원만히 제 기능을 해내려면 빨래, 설거지, 식사 준비, 먼지 닦고 청소기 돌리기, 욕실 청소 등이 필요하다. 다만 그런 일을 누가 하느냐가 가장 큰 문제다. 만약 여유가 있다면 가사도우미나 청소대행 서비스를 이용하는 것이 좋지만 그렇지 않다면 3개월에 한 번 가족들이 대청소를 하는 것도 좋은 방법이다.

나는 일주일에 한 번씩 집안일을 분담해주기로 했다. 그러고 나서 매주 토요일 아침에 다 같이 집안일을 나눠서 했다. 가사 영역을 욕실 청소, 아래층 청소기 돌리기, 주방 청소, 침실 청소기 돌리기, 먼지 닦기로 나누어 집안일을 할 수 있는 아이 모두와 어른이 한 영역씩 맡아서 진행했다. 매주 맡은 영역을 돌아가면서 청소했다. 그렇게 토요일 아침마다 가족이 다 같이 청소하면서 음악이나 오디오북을 틀어놓고 맡은 집안일을 완수했다.

모두가 집안일을 좋아했던 것은 아니다. 몇몇은 투덜대며 대충하기도 했다. 가족들끼리 누가 더 일을 많이 했네, 저 일은 쉬운 일이잖아, 하며 서로 망신을 주고 꾸짖기도 하고 잔소리를 해대기도 했다. 그 점은 시행착오라는 것을 인정한다. 집안일을 분담해서 청소하는 것이 싫었지만 대안이 없었기에 오랫동안 어쩔 수 없이 그렇게 했다. 그래도 좋았던 부분은 가족이 일주일에 한 번씩 노력하면 집안일을 할 수 있다고 인식한 것과 맡은 일을 다 같이 동시에 시작하고 마무리한다는 점이었다. 여기에서 가장 중요한 시사점은 엄마가 아이들에게 집안일을 도와달라고 요청했을 때 돌아오는 반응을 있는 그대로 받아들이고 원망하지 않아야 한다는 것! 나는 엄마가 홈스쿨과 가사 일을 병행하는 것에 동의하지 않는다. 또한, 아이들이 좋은 마음으로 공부했으면 하는 그런 날에 가족 관계를 내세워 집안일을 강요하는 것도 옳지 않다고 생각한다. 그러므로 설사 집안일을 해야 할 때 엄마만 동동거리거나 아이들이 불만을 말한다고 해서 훈육하는 건 바라지 않는다. 약속한 일주일에 한 번 집안일하는 날은 시행착오를 겪더라도 온 가족이 대청소를 하는 것이 최선이지 않을까?

홈스쿨을 하는 가족은 정리되고 청결한 상태를 유지해야 할 필요성을 알고 다양한 방법으로 해결하려고는 하지만 모든 이것이다 싶은 해결책은 아무리 찾아보려고 해도 없었다.

다만 나에게는 이 집안일 해결 면에서 수년 동안 큰 도움이 되었던 한 가지 원칙이 있다. 아이에게 집안일을 부탁하며 그것을 도전

적이고 흥미롭게 경험시키는 것! 예를 들어, 일곱 살 아이에게 케첩병은 흥미로운 물건이다. 하지만 열다섯 살 아이에게는 전혀 감흥을 일으키지 않는다. 아이들 연령대에 맞춰 흥미를 일으킬 수 있는 집안 용품으로 자극해야 한다.

집안일을 하는 데 있어서 기계가 있다면 확실히 도움이 된다는 사실을 잊지 말자. 내 지인 가족은 아이들이 아홉인데 손수 설거지를 했다. 식기세척기로는 매끼마다 11명의 가족이 식사 후 나오는 설거지거리를 감당할 수 없었기 때문이다. 그러던 어느 날, 엄마가 묘안을 떠올렸다. 생각해보니 식기세척기를 두 대 쓰면 될 것 같았다. 그래서 중고로 식기세척기 한 대를 더 샀고, 그 뒤로 가족생활은 완전히 바뀌었다.

다 같이 집안일을 하는 방법은 유용하고 꼭 필요하다. 엄마가 저녁거리를 만들면 치우는 일은 아빠와 아이들이 맡는 식이다. 온 가족이 집안일을 하는 것이 엄마 혼자 할 때보다 훨씬 효율적이다. 집안일에 있어서 식사 준비 비중은 매우 높다. 매주 일요일마다 식사 준비를 하지 않는 방법도 고려해볼 필요가 있다. 식구들이 알아서 챙겨 먹고, 엄마는 하루 정도 주방에서 벗어나는 것이다.

집 안 구석구석이 공부불꽃을 위해 활용되고, 아이들이 어질러도 엄마는 예민해하지 않는다면 홈스쿨을 하기에 이상적인 집을 꾸밀 수 있다. 가구보다 아이의 창의력을 더 중시하고, 집안일은 서로 돕는, 온 가족이 이 정도는 괜찮다고 생각하는 상태일 때가 비로소 홈스쿨하기에 더 할 나위 없는 때라고 할 수 있다. 집안일 분담으로 공부불꽃을 당겨주는 우리 집을 만들기 위해 다음과 같이 시도하자.

- 집안일을 도와준 아이의 노력을 인정하고 고맙다고 말한다.
- 아이가 편하고 기분 좋게 집안일을 할 수 있도록 분위기를 만들어준다. 욕실 바닥 청소를 할 때 오디오북을 틀어주거나 화초에 물을 줄 때 스무디를 준다.
- 아이에게 청소기의 타이머를 5분으로 설정하고 돌리게 한다. 5분이 지나면 그만해도 된다고 정한다. 예를 들어, 방 정리를 하고, 청소기 돌리는 것을 5분 안에 끝내는 식이다.
- 방이나 거실 등을 가족이 적당히 만족할 만큼만 치운다. 스트레스를 받을 정도로 깨끗이 해야 한다는 강박에서 벗어나야 한다.
- 안 쓰는 물건은 과감하게 버린다.
- 청소할 때 쉽게 손이 닿을 곳에 간식을 놓아둔다.
- 바쁜 날에는 종이접시를 써서 설거지거리를 줄인다.
- 아이가 고학년이 되면 자기 빨래는 직접 할 줄 알게 가르쳐준다.
- 아이에게 주방가전, 청소기 등 집 안 청소하는 데 유용한 도구를 지혜롭게 사용하게 한다.
- 청소 후에도 아이들이 바로 집 안을 어지럽히거나, 음료를 엎질러도 관대하게 용서한다.

24장

학습을 놀이처럼 하게
만드는 엄마의 힘

단지
연결하라.

E.M. Forster(소설가)

>>>>>——————— ☀ **공부 불꽃=유대, 유대, 유대!** ☀ ———————<<<<

열세 살 때 나는 2주 동안 시카고의 할아버지 할머니 집에서 지냈다. 할아버지 할머니가 으레 그렇듯 두 분은 내가 관심을 보인다는 이유만으로 덜컥 미술 세트를 사주었다. 그 미술 세트는 여러 장의 그림을 오려 특수 접착제로 3D 이미지를 만들게 되어 있었다.

로스앤젤레스의 집으로 돌아가기 이틀 전 밤 나는 잠이 오지 않았다. 죄책감이 들어서였다. 할아버지 할머니가 미술 세트를 사주셨는데 아무래도 완성하지 못할 것 같았기 때문이다. 침대에서 뒤척이던 내가 우는 소리를 할머니가 우연히 들었다. 할머니는 왜 그러느냐 물었고 나는 솔직히 털어놓았다. 시간을 낭비했다고, 그 미술 세트를 완성하지 못할 거라고, 반품해야 한다고 말했다.

할머니는 할아버지를 깨웠다. 그리고 나를 독려했다.

"일어나보렴. 당장 같이 해보자."

그때가 밤 11시였다. 우리는 어둠 속에서 탁자에 앉아 전등을 켰다. 할머니는 차와 쿠키를 만들었다. 할아버지는 나도 해볼 수 있게 조각칼 쥐는 방법을 가르쳐주었다. 우리는 몇 차례 실수하고 헷갈려하면서 족히 한 시간 동안 이 미술 공예를 붙잡고 있었다. 할아버지 할머니는 3D 이미지가 완성되자 즐거워하고 같이 해낸 것을 축하해주었다.

나와 함께 실행해주며 내 불안과 걱정을 관심과 다정함으로 보살펴준 것이다. 두 분은 나의 절망과 죄책감을 떨치게 했다.

나는 작은 액자에 끼운 그 작품을 내 방 책장에 놓아두었다. 몇 년 동안 그 작품을 보며 할아버지 할머니가 나를 사랑하고 믿어준다는 것을 떠올렸다. 그리고 깨달았다. 어떤 어려운 일도 응원을 받으면 잘 해낼 수 있다는 사실을.

이 기억은 지금까지도 내가 아이들이 어떤 난관이나 벽에 부딪혔을 때 압박보다는 응원이 필요하다는 사실을 좌우명으로 삼게 된 계기가 되었다.

엄마 선생님으로 계속 나아가기 위한 원칙

온종일 아이들과 보내려면 용기가 필요하다. 우리 집 아이들도 때때로 24시간 나와 전쟁을 치를 때가 더러 있다. 그럴 때면 나는 죄책감을 느꼈다. 나는 그저 평범한 엄마가 되어줄 수만은 없었다. 교사로서 교육해야 한다는 책임감을 느꼈기 때문이다. 때로는 그 두 역할이 충돌하기도 했다.

나는 나와 아이들을 위한 합당한 원칙을 세워야 했다. 내가 계속 나아가는 데 힘이 되어줄 원칙은 다음과 같았다.

원칙 1 1년마다 공부에 변화를 준다.

아이들은 해마다 학년이 바뀐다. 아이 저마다 개성이 있는데 한 아이에게 통했던 방식이 다른 아이에게도 반드시 통하는 것은 아니다.

원칙 2 지루한 커리큘럼은 바꾼다.

어느 정도 학습력을 키운다는 이유만으로 지루한 커리큘럼을 계속 활용할 필요는 없다. 해가 쌓이면 3년째에는 아주 마음에 들었던 프로그램이 7년째에는 과하게 느껴질 수도 있다. 어떤 이유로든 지루한 커리큘럼은 바꾼다.

원칙 3 해답은 없다.

홈스쿨에 완벽한 철학이나 실행법은 어디에도 없다. 해마다 다시 검토하면서 조율을 해나가야 한다.

원칙 4 실생활의 문제에 유연하게 대처한다.

암, 임신, 압류, 화재, 연로한 부모님, 사망, 특별한 사정, 이혼, 이직 등 실생활의 문제에서 벗어날 수는 없다. 위기가 생긴 해에는 홈스쿨을 부차적으로 다루자. 스케줄 조절이 유연하다는 점은 홈스쿨의 큰 장점이다.

원칙 5 이 정도로도 충분히 괜찮다.

어떤 학습법을 채택하든 그것을 실행시키기 위한 능력에는 한계가 있다. 어떤 영역에서는 상상력과 몰입이 크게 발휘되는 반면 다른 영역에서는 잘 모를 수도 있다. 교육의 목표는 완벽함이 아니라 평온과 진전이다. 그 정도로도 충분하다.

아이에게 맞춘 진도

나는 예전에 아이가 열여섯 살 이후에는 대입 준비가 되어 있어야 한다는 압박을 느꼈다. 이런 압박감 때문에 아이를 무리하게 다그치다가 눈물을 보거나, 마음의 상처를 입거나, 낮은 성적을 받아들여야 하는 결과를 초래했다.

그러다가 학교식 기준이 독단적이라는 사실을 깨달았다. 학교식 기준은 일단 아이들을 하나의 시스템에 몰아넣도록 설계되어 있다. 하지만 집은 그보다 마음 편한 공간이다. 나는 아이에게 자신만의 속도로 읽기를 배우게 해주었다. 한 아이는 여섯 살 때 글을 읽었고 또 다른 아이는 열 살이 다 되어서 글 읽기를 뗐다. 현재 둘 다 글 읽기를 매우 유창하게 하는 데다가 매우 좋아한다.

고교 수학은 아이의 적성에 따라 6년에 걸쳐 꾸준히 진전되기도 하고, 시기가 늦어지다가 3년 사이에 집중학습되기도 했다. 또 어떤 아이는 중등 과정을 떼는 데 4년이 필요하기도 했다. 우리는 스무 살까지 대학 입학을 미룰 수도 있었다. 나는 쓰기나 독서 장애 때문에 개인 교습을 받기에 너무 늦은 나이는 없다는 사실을 배웠다. 고교와 대학교에 틈을 두었다가 진학하는 일은 실현 가능한 일일 뿐만 아니라 바람직한 일이 되었다. 공부는 평생 해야 하는 과정이다. 열여덟 살까지 단기간에 억지로 다 밀어 넣듯 공부할 필요는 없다.

또 한 가지 원칙은 앞의 원칙에 따른 것으로, 성공을 체험할 기준을 낮춰주는 것이다. 아들이 수학 진도를 따라가지 못해 쩔쩔매고 있으면 하루에 푸는 문제의 양을 줄여가며 아이가 자신에게 맞는 진도를 찾게 해줘야 한다. 엄마가 아이에게 기대하는 수준이 아닌 아이가 잘할 수 있는 수준에 대비해서 평가해야 한다. 개인적인 목표를 세워보게 아이를 격려하자. 아이가 오늘 최대한 노력해서 풀 수 있는 문제가 몇 개인지 물어보고 아이의 대답을 수용하자. 그 주의 학습 진도 변동이 가능하다는 여지를 주고 아이가 자신의 목표를 이뤄내면 축하해주자.

아이에 따라 저마다의 독자성을 띠는 교육을 하겠다고 결심하면 시간이 오래 걸리더라도 느긋한 마음을 가질 수 있다.

놀이+교과목=학습력+공부불꽃

윌리엄 라인스미스는 다음과 같은 사실을 일깨워주었다.

학습이 놀이와 비슷할수록 흡인력이 높아진다. 단, 이것은 학생이 따분하고 진지한 공부만을 학습으로 취급해주는 제도적 교육에 너무 오염되어 있을 경우에는 예외다.

제도적 학습은 아이들에게 놀이의 힘뿐만 아니라 학습을 재미있게 여길 상상력까지 빼앗아가려고 위협한다. 내가 놀이와 학습 이야기를 꺼낸 것은 장난감이나 보드게임만을 예로 들기 위해서가 아니다. 놀이는 탐구와 자유로움을 기본자세로 한다. 놀이에는 재미, 즐거움, 전신 활동, 긍정적인 에너지가 수반된다. 아이들은 놀이를 할 때 몰입을 하는데 가만히 보고 있으면 놀라울 정도도. 하지만 엄마는 아이들의 그런 몰입을 보며 걱정한다. '왜 저것에만 집착하지? 다른 공부는 안 할 건가?' 하고 말이다.

혹시 엄마인 당신도 아이가 힘들어하고 쩔쩔매야 제대로 공부하고 있다고 여기지 않는가? 쉽게 몰입했을 뿐인데 아이들의 도전 의식이 북돋아지지 않고 있다고 오해하고 있지 않은가? 이런 엄마라면 교육의 관점을 뒤집어야 한다. 아이가 몰입한 상태로 그냥 내버려두면 놀이가 다 알아서 해준다고 여겨라.

유년기와 놀이의 가치 분야에 정통한 데이빗 엘킨드David Elkind는 아이들의 놀이에 대해 이렇게 설명했다

어린아이일수록 새로운 세상을 예술가, 동식물 연구가, 작가, 과학자 등과 같은 시선으로 바라본다. 어린아이들이 관찰을 그토록 즐기는 이유

가 여기에 있다. 아이는 어느 순간에는 동식물 연구가가 되어 메뚜기 관찰에 정신이 팔렸다가, 또 다음 순간에는 작가가 되어 자신의 체험을 아주 독창적인 표현으로 묘사하는가 하면, 언제나 사회과학자가 되어 사회적 상호작용의 잠재성을 탐구한다. 이런 다양한 역할을 즐겁고 신나게 수행한다.

아이들이 나이를 먹을수록 부모는 즐거운 탐구가 교육적 발전의 열쇠라는 사실에 대해 확신을 잃는다. 학교식 시간표를 세우며 아이가 순종적으로 공부하기를 요구한다. 하지만 우리가 학습 개념을 확장해 모든 연령대와 단계에 재미있는 몰입을 포함시켜보면 어떨까?

나는 아이들이 "재미있다"고 말할 때 완전히 몰입해 있다는 의미임을 깨달았다. 어린아이들과 10대에게 재미란 곧 '관심이 있다'는 의미이며, 관심이 있으면 분발하게 되어 있다. 그럼에도 불구하고 우리는 왜 '놀이'와 '공부'를 이분법적으로 따로 떨어뜨려 생각할까?

수학 문제 한 페이지 풀기 같은 학교식 수업이 즐거울 때도 있다. 조안나는 '옮겨 적기'를 말 그대로 즐겁게 했다. 필기구 세트를 옆에 가져다놓고 취향대로 손에 쥐어지는 펜을 골라서, 자기가 좋아하는 구절을 처음에는 연필로 썼다가 그 글씨 위에 잉크 펜을 대고 낑낑대며 그대로 따라 썼다. 옮겨 적기를 한 종이마다 색연필로 장식을 그려넣기도 했다.

아이들이 교과목 공부를 점점 진지하게 할수록 놀이의 힘을 끌어내는 방법이 있다는 사실을 잊어버리기 쉽다. 아이에게 커피숍에 가서 수학 문제를 풀며 음악을 듣고 좋아하는 음료를 마시라고 내보내 보자. 이 잠깐의 외출이 '대수 공부'를 놀이의 체험으로 변화시켜줄 것이다.

내가 자주 들은 조언대로, 10대 아이가 글짓기를 하지 않으려고 하면 '촛불을 켜놓고 자정에만 글을 쓸 수 있게' 하는 것을 규칙으로 만들어보라. 10대 아이들의 세계에 마법의 힘을 주입해 학습 욕구가 자라나는 모습을 지켜봐라. 학습력과 공부불꽃이 합해지려면 놀이가 무척 중요하다는 사실을 깨닫기 바란다.

엄마가 미소를 지으면 아이는 분명히 바뀐다

먼저 홈스쿨을 시작한 한 지인이 "우리가 가르치는 모든 것이 어조 하나 때문에 그르칠 수도 있다."라고 한 말을 나는 한시도 잊은 적이 없다. 어떤 부모가 나에게 온갖 시도를 다 해봤는데도 아이들에게 아무 변화가 없었다는 하소연을 할 때도 어조 때문이 아닐까 생각했다. 혹시 이 부모가 절망이나 압박을 드러내는 어조로 말하지 않았을까?

우리 아이들에게는 수업 계획이 아니라 '우리 자체'가 중요하다. 함께 해주면서 아이들을 학생이 아닌 한 인간으로 존중하면 학습력이 커지고 공부불꽃이 거세진다. 그러면 홈스쿨을 하기에도 유리한 조건이 갖추어지기 마련이다.

집에서 아이의 협력을 촉진시킬 수 있는 확실한 방법 중에 하나는 바로 미소다. 엄마가 미소를 지으며 말하면 어조도 달콤해진다. 미소를 지으며 도움을 청하고 미소를 지으며 새로운 책을 소개해주자. 미소는 아이가 잘되기를 바라는 엄마의 마음을 바로 전달해준다. 언짢아도 미소를 지으면 참을성이 생기는 식으로 지구력을 키워주기도 한다.

헬스탭HealthTap(미국에서 시행하고 있는 서비스로 일반인이 올린 의료 관련 질문에 의사가 실시간으로 답변하는 플랫폼)의 창업자이자 CEO인 론 거트먼Ron Gutman도 자신의 TED 강연 내용이 기사에 맞추어 변형되어 실린 글을 통해 미소가 주변 사람들에게 긍정적인 영향을 미칠 뿐만 아니라 나 자신의 운명을 다른 방향으로 바꿔줄 수도 있다고 말했다. 30년이라는 장기간에 걸쳐 진행된 UC 버클리 대학의 연구 결과에서는 고등학교 졸업 앨범에서 가장 활짝 미소를 지은 학생들이 결혼생활에 대한 만족도가 가장 높고, 표준화 시험 성적이 가장 높으며, 타인에게 가장 큰 영감을 일으켜주는 것으로 나타났다. 상관관계와 인과관계는 서로 다르지만 이 연구 결과를 보면 거트먼의 말이 타당하게 느껴진다.

홈스쿨을 하는 많은 엄마는 무거운 책임감을 짊어지고 있다 보니 긴장해서 입가가 굳어 있기 쉽다. 긴장을 풀고 아이에게 어떤 요구를 하거나 무슨 활동을 할 예정인지 알려줄 때 먼저 미소를 지어라. 그다음 아이가 어떻게 변화하는지 지켜보자.

결국은 유대다

홈스쿨을 하는 가족이 가장 큰 행복을 느낄 때는 언제일까?

첫 번째로 아이들이 행복할 때고 두 번째는 부모가 학업적 발전을 확인할 수 있을 때이다. 다시 말해 배우며 발전하는 행복한 아이가 마음 편한 부모를 만든다.

홈스쿨을 하려면 아이들의 동참이 필요하다. 부모가 공부불꽃이 일어날 수 있도록 적절한 자원과 조건을 갖추어줄 수는 있지만 아이의 머릿속에 들어가 살 수는 없다. 공부하기와 발전의 행동 주체는 아이들이다. 부모는 아이를 지켜볼 뿐 제어해주지는 못한다.

따라서 부모가 잘 해내지 못할 수도 있음도 인정할 필요가 있다. 홈스쿨은 꼬맹이들을 데리고 오랜 시간에 걸쳐 불완전한 진전을 이루어가는 과정이다. 부단히 애쓴다고 해서 아이를 부모가 바라는 대로 만들 수 없다는 사실을 인정하고 나면 조금은 평온해진다. 편히 쉬면서 아이와의 유대에 집중하자. 결국 유대가 훌륭한 홈스쿨을 열어주는 열쇠가 된다. 엄마에게는 그런 유대를 키우는 힘이 있다.

유대는 화목한 홈스쿨 가족의 가장 중요한 특징이다. 이런 유대관계는 공부의 토대를 깔아준다.

엄마 입장에서 유대 면에서는 불만이 없으나 아이의 학업 발전에 눈에 띄는 성과가 보이지 않으면 불안해진다. 이때 그런 불안감을 아이들에게 그대로 드러내면 유대관계가 손상된다. 더불어 아이의 학습 수용력을 방해한다.

홈스쿨 베테랑인 내 친구 한 명은 아이가 '제대로 잘하고' 있는지 궁금하면 함께 외식을 했다. 그렇게 한 시간쯤 같이 이야기하고 나면 언제나 안심이 되었다고 한다. 끈기 있게 가만히 앉아서 마음을 열고 아이가 하는 말에 귀를 기울여 들어 주면 아이의 관심사, 생각, 어휘, 갈망, 상상력이 드러났기 때문이다. 아이가 아직 잘하지 못하는 것에 집중하기보다 아이가 걷는 학습 여정의 복잡함과 과함을 인지해야 한다. 대화를 통해 아이는 새로운 진로나 방향에 갈피를 잡기도 한다.

아이와 유대를 맺어라. 학업도 중요하지만 그것은 부차적인 문제다. 우선은 아이의 행복과 안전, 엄마와 든든한 관계를 맺는 일이 먼저다. 아이는 엄마와 사이가 좋을 때 즐겁고 행복하다.

동행자와 옹호자

아이들은 엄마가 동행자이자 옹호자가 되어줄 때 자신을 위한다고 생각한다.

학습에 유용한 두 번째 능력인 협력을 기억하는가? 협력도 동행자로서의 한 역할이다. 옆에서 함께 해주며 응원해주고 이끌어주며 자원을 갖추자. 또는 동행자 역할에서 한 걸음 더 나아가 옹호자가 되어줄 수도 있다.

지금 내 아이는 엄마가 아무리 알려줘도 읽기를 못 할 것이라고 생각할 수도 있다. 이때 옹호자는 막연하게 아이를 위안한다.

"걱정 마, 아가. 누구나 다 나중에는 읽기를 배워."

이런 안심 시키기에서 한발 더 나아가야 한다. 아이와 함께 어려움을 헤쳐 나가야 하는 것이다. 아직 미숙하더라도 아이의 능력을 진심으로 믿어줘라. 하는 데까지 해보는 것이 최선이라고 믿으며 그 여정에 도움이 될 만한 장점과 기량을 찾아주고 방향을 알려주자.

"발음 공부는 다 뗐잖아. 그게 읽기의 첫 번째 단계인데. 자, 하다 보면 언젠가 읽을 수도 있을 거야. 엄마랑 같이 계속 연습해보자."

아이에 대한 합당한 기대치를 세우면 평가자가 아니라 지지자가 돼줄 수 있다.

홈스쿨을 하는 부모로서 나는 할아버지 할머니가 정답고 너그럽게 응원해주었던 방식을 수없이 떠올렸다. 아이 중에서 누군가가 글씨 쓰기를 너무 어려워하면 더 흥미 있어 보이고 덜 주눅 들게 할 만한 방법을 찾아봤다. 단어를 발음하기가 너무 어려워져서 딸이 엉엉 울면 연습 문제지를 치우고 그림책을 읽어주었다. 이 방법은 나도 아이가 공부하기를 힘들어할 때마다 다그치고 망신 주고 잔소리를 하면서 어렵게 깨달은 바다. 다그침, 망신, 잔소리 같은 방법은 아무 효과가 없다.

나는 '아이가 울면 수업을 그만한다'는 것을 좌우명으로 삼았다. 아이가 눈물을 내비치면 사랑해줘야 한다. 어려움을 극복하기 위해 씨름하는 아이에게는 때때로 엄마의 지지와 새로운 아이디어로 마음의 안정을 얻는 것이 필요하다. 아니면 휴식을 주어야 한다. 고통을 주는 대상과 멀찌감치 떨어뜨려놔주면서 다른 날 다시 해볼 수 있다는 것을 깨닫게 해줘야 한다. 중요한 건 지지해주는 일! 홈스쿨을 하는 엄마는 더더욱 사랑과 노력하는 마음을 가져야 한다.

아이와의 유대 맺기는 엄마의 홈스쿨, 엄마 자신, 그리고 아이에 대한 합당한 기대치를 지켜나갈 때 쉽게 이루어진다. 그동안 성적 매기기, 엄격한 목소리 내기, 벌주기는 충분히 해봤을 것이다. 이제는 유대감과 사랑으로 교육해볼 차례다.

엄마의 삶에도
공부불꽃 당기기가 중요하다

적어도 뭔가 놀랄 만한 일을 시도해보지 않는다면
살아봐야 무슨 의미가 있을까?

John Green(작가)

25장

≫≫ ⁂ **공부 불꽃=유대, 유대, 유대!** ⁂ ≪≪

제일 큰아이가 여섯 살 무렵, 우리는 리틀빅혼 전투(미군과 아메리카 인디언의 전투 중 가장 유명한 전투)와 시팅불Sitting Bull(이 전투에서 미군과 싸워 승리를 거둔 인디언 족장)의 용감한 행동에 대한 이야기를 읽고 있었다.

솔직히 미국과 아메리카 원주민의 관계에 대한 비극적인 역사는 어린아이들이 이해하기 벅찬 내용이었다.

나는 읽던 데까지 책갈피를 끼워놓고 아이들을 각자 놀게 했다. 그러고는 무엇인가에 홀린 듯 후다닥 소파로 돌아왔다. 보던 책을 펼쳐서 만삭인 배 위에 올려놓고 쿠션으로 머리 부분을 높힌 후 반 눕다시피 하고는 한 시간 동안 독서를 했다. 리틀빅혼 전투에서 무슨 일이 일어났는지 이후의 이야기가 너무 궁금했다. 아이들을 위해 도서관에서 빌려온 책 한 권에서 내가 자극을 얻은 셈이다. 목 말라했던 양식을 채우는 느낌이었다.

임신과 수유와 육아로 하루하루를 보내며 지내던 내 수년간의 시간이 멈춘 것만 같았다. 나는 무서운 속도로 책을 읽어 내려갔다. 각자 놀던 아이들을 재우고 나서 독서를 계속했다. 아이들이 깨기 전에 책 한 권을 다 읽었고 깊은 만족감을 느꼈다. 바로 그때 나는 퍼뜩 깨달았다. 나 자신이 교육을 받고 싶어 한다는 사실이었다.

그때부터 나는 홈스쿨 교사가 되기로 했다. 아이들에게 엄마이기도 하지만 배움의 동지로 거듭나게 되었다.

엄마부터 즐기는 사람으로 살 것

내 친구 질의 딸이 어느 날 이런 선언을 했다.

"나는 아이를 낳으면 절대 홈스쿨을 시키고 싶지 않아요. 언제나 엄마가 너무 불행하고 스트레스가 많은 것처럼 보였으니까요. 재미있는 일은 아무것도 안 하고요. 나는 행복한 어른으로 살고 싶어요!"

그 말에 의기소침해진 질이 나에게 물었다.

"네가 보기에도 내가 불행해 보였어?"

나는 질의 물음에 골똘히 생각해보았다. 자신이 계획한 고등학교 프로그램에 같이 가자고 했을 때 딸이 가기 싫어해서 걱정스러워하던 질이 떠올랐다. 대학도 안 나온 자신이 아이들을 가르칠 자격이 되는지 곧잘 걱정하던 모습도 기억났다. 결국 질은 그런 불안감 때문에 딸에게나 자기 자신에게 엄격한 요구를 했다.

서로 이야기를 주고받던 중 문득 질은 아이들이 자신보다 더 나은 교육을 받기 원했다는 점을 인식했다. 그래서 질은 딸들에게 학교식의 학업성취를 강요했다. 아이들의 학습력이 기대에 못 미치거나 자신만큼 관심을 보이지 않을 때 곧잘 화를 냈다.

창의성이 뛰어난 질의 딸 사라는 청소년기 내내 엄마의 기대에 부응해야 한다는 압박 때문에 숨 막혀 했다. 게다가 자신의 엄마를 통해 투영된 어른은 희생자 즉, 혹사당하는 홈스쿨 시행자의 모습이었다. 질은 자신이 딸들에게 홈스쿨과 어른의 긍정적인 이상을 보여주지 못한 게 아닐까 싶어 자책했다.

지금 엄마인 자신은 삶을 즐기고 있는가? 아니면 아이가 다 자랄 때까지는 그런 즐거움은 보류 중이라고 생각하는가?

때때로 엄마들은 10대 자녀에게 미처 몰랐던 앞날을 생각해보도록 성급히 상기시킨다. 부모 역할이라는 미명하에 '성인으로서의 책임'이라는 무거운 짐을 소중한 10대 자녀에게 짊어지게 하는 것이다. 자녀의 앞길에 비운을 예고하기라도 하듯 "날마다 늦잠을 자다가 회사에 지각하면 상사가 봐줄 것 같아? 생각 잘해!" "지금은 편하게 사는 줄 알아라, 요 녀석아! 현실 세상으로 나가면 호락호락하지가 않아!" "좀 지나봐라. 그땐 네가 벌어서 공과금 내면서 살아야 해. 그게 쉬운 일이 아니야!" "이번에 시험 통과하지 못하면 널 받아주는 대학은 한 군데도 없을걸." "앞으로 어떻게 살아가려고 이러니? 계약직으로 알바나 하며 살래?" 이런 식으로 말한다.

아이의 성인기를 너무 침울하게 예견한 말들이 아닌가? 아이가 이런 악몽 같은 미래가 닥칠 것을 생각하면 어른이 되고 싶을까?

엄마로서 양육의 중요한 역할 한 가지가 있다. 바로 당신 자신이 아이에게 멋진 성인으로 보여야 한다는 것이다. 엄마가 10대 자녀에게 줄 수 있는 가장 강력한 선물은 당신의 기량, 취미, 재능, 기회를 진정으로 즐기는 일이다.

홈스쿨을 받는 아이들은 거의 대부분의 시간을 엄마와 함께 있다. 엄마가 성인의 삶을 살아가는 방법을 이상적으로 보여주어야 아이가 자신의 미래를 좀 더 나은 쪽으로 상상한다.

아이가 아니라 내가 좋아하는 것을 배워라

내가 어렸을 때, 분주하게 사는 부모님의 모습이 아주 멋져 보였다. 아빠는 개인용 조종사 면허를 따서 우리를 태우고 비행했고, 엄마는 프리랜서 작가였다.

고등학교를 졸업할 무렵, 부모님의 결혼생활이 파탄을 맞고 말았다. 내가 소중히 간직했던, 반짝거리던 성인기에 대한 이상이 이

혼이라는 큰 장벽에 부딪친 것이다. 홈스쿨을 하고 싶다는 내 열망은 파탄 난 부모님의 잔해 속에서 자라났다. 나는 헌신적인 엄마이자 교육자, 가족을 위해 자신을 희생하는 사람이 되고 싶었다. 성인기의 삶을 개인적인 즐거움이 아니라 내 아이들을 위해 쓰고 싶었던 것이다. 결국 나는 홈스쿨에 뛰어들어 전적으로 헌신했다. 하지만 이런 여러 의문들이 지속적으로 떠올랐다.

'여자아이들이 자신 역시 홈스쿨을 해주는 엄마가 되어야 한다고 믿으면서 자라면 어쩌지?' '아이에게 은연중에 함께 홈스쿨해주기를 요구한다면 과학자가 되고도 싶다는 열망은 품을 수 없게 될까?' '미래에는 과학자가 될 기회의 문이 남자들이나 미혼 여성들에게만 열려 있다고 생각하지 않을까?

나는 홈스쿨에 큰 애착을 가지긴 했지만, 내 딸들은 있는 그대로의 자신을 위해 살아가길 바랐다.

결국 나는 아이들을 양육하면서 나 자신의 사명이나 취미에 대한 열정, 커리어도 동시에 펼치는 일이 불가능한지 생각하기에 이르렀다. 그때부터 아이들처럼 배우고 싶은 열망을 충족시킬 방법을 찾기 시작했다.

나는 우리 지역의 홈스쿨 조합에서 부모가 열정과 기량을 보이며 아이들의 이런저런 다양한 학습 여정에 불을 붙여주는 현장을 자주 목격했다. 수화와 사진촬영, 토론기술과 태권도, 미적분과 작곡 고등과정까지 뛰어난 실력의 부모들이 아이들을 가르쳤다. 이들은 우리 홈스쿨 학생들에게 아주 멋진 성인의 삶을 그려볼 만한 모델이 되었다. 이 홈스쿨 부모들을 매주 보면서 깨달았다. 자신의 재능이나 관심을 자녀교육에 독자적인 방법으로 조합시키는 일은 가능할 뿐만 아니라 아이들의 학습 체험을 아주 풍성하게 해준다는 사실을.

엄마여, 이전부터 정밀묘사를 해보고 싶었다면 지금 당장 배우자. 아이에게 그림을 배우라고 요구하며 대리만족을 얻는 것으로 그치지 말고 연필, 스케치북을 사서 동영상을 보고 따라해볼 시간을 내자. 낮 동안 아이가 보는 앞에서 연습해라. 아이는 잘 안 되지만 노력하는 엄마의 모습을 지켜보면서, 당신이 완성한 그림에 남다른 인상을 받을 것이다. 엄마와 함께 그림을 그릴 수도 있다.

내가 아는 어느 홈스쿨 가족은 재미를 위해 집 안을 완전히 뒤집어놓았다. 이 집 부모는 두 아들에게 천장 석고보드 시공, 배선 새로하기, 페인트칠, 배관 손보기, 수납장 설치와 카펫 깔기, 용도에 맞는 철물류 고르기, 조경 설계 등을 가르쳤다. 두 아들은 연장을 잘 다루고 벽을 해체하고 나무 바닥재를 까는 요령을 알게 되었다. 부모가 엄청난 선물을 준 셈이다. 나중에 어른이 되면, 두 아들은 자기 집을 직접 리모델링할 수 있을 것이다. 이 부모의 입장에서도 가족이 꾸준히 해볼 만한 현실성 있는 부업거리를 갖게 된 셈이다. 이런 게 바로 멋진 어른상이 아닐까?

아이들도 당신을 자랑스러워 하고 싶어 한다

나는 미술 공부에 대한 갈증이 일어났을 때, 아이들을 데리고 인근 지역 미술관에 자주 갔다. 하지만 미술관에 혼자 가거나 유모차를 한 대도 대동하지 않고 친구들과 가기도 했다.

예전에 조안나가 신시내티에서의 축구 시합에서 생애 최초이자 유일한 골을 넣었던 그때. 나는 조르주 쇠라의 유명한 그림 '그랑자트 섬의 일요일 오후' 앞에 서서 넋을 잃고 있었다. 그러다가 문자 메시지를 받고 양심의 가책을 느꼈다. 딸 옆에 있어 주었어야 했나? 내가 괜히 시카고에 왔나? 이처럼 아이가 떼는 모든 발걸음을 적극적으로 응원해주기로 마음먹었을 때는 엄마 자신의 자기계발을 삶의 우선순위에 두기가 녹록치 않다.

나는 축구 시합마다 빠짐없이 참석하는 것이 조안나의 건강한 발달에 꼭 필요한 요건이 아니라는 점을 깨닫게 되었다. 조안나는 축구에 큰 관심을 가진 적이 없었다. 궁극적으로 따져 보면 내가 나 자신, 내 친구들, 여행, 미술에 투자한 일이 조안나에게 더 심오한 영향을 미쳤다. 현재 조안나는 세계여행을 다니며 친구들을 최우선으로 삼고 있다. 미술을 사랑하고 자신의 욕구를 돌보는 데 주저하지 않는다. 때로는 부모의 '자기 돌봄'이 인상적인 어른상을 보여주는 가장 건강한 모범이기도 하다.

대개 아이들은 자신의 친구들에게 부모의 이야기를 하며 자랑하고 싶어 한다. 부모를 자랑스러워 할 때, 현재의 나 자신에게도 자부심을 느끼기 마련이다.

다음은 엄마가 자기계발을 위해 자신에게 해야 할 질문들이다.

엄마의 자기계발을 위한 질문들

하프 마라톤을 완주해본 적이 있나?

미술 전시회에 그림을 출품해봤나?

마흔두 살의 나이에도 여전히 서핑을 즐기나?

현재 대학원에 다니며 논문을 쓰고 있는가?

대학원에서 시험을 치르며 학점이 신경 쓰여 초조해하고 있나?

전기톱이나 공업용 재봉틀 같은 성인용 도구를 쓰고 있나?

요가나 스쿠버다이빙 강사가 되려고 공부 중인가?

아주 먼 곳으로 여행을 다녀온 적이 있나?

친구들을 만나 함께 어울리는 일을 우선순위에 두고 있나?

스포츠 행사나 뮤지컬이나 강연을 중요하게 여기고 있나?

지역 동물보호소에서 자원봉사를 해봤나?

'나만의' 시간을 위해 혼자 영화를 보거나 외식을 하러 나간 적이 있나?

아이들에게 매력적인 성인기를 보여줄 방법은 아주 많다. 얼굴에 미소가 번질 만한 그런 방법들을 찾아보라. 엄마가 개인적인 관심사를 깊이 있게 배우고, 꿈을 이루는 시간을 가져보자. 그러면 아이들에게 긍정적인 성인기의 사례로 작용할 것이다. 엄마가 자기계발을 통해 삶의 활력을 얻고 미소를 지으면, 분명히 아이의 마음속에 거세고 강력한 공부불꽃이 일어난다. 장담한다!

홈스쿨 선택 조건

엄마에게 인생은 한 번뿐이다. 인생에서 상당한 시기를 차지하는 성인기를 홈스쿨에 전념하기로 선택했다면, 돌아보자. 홈스쿨 활동을 좋아해서 선택한 것인가? 이는 매우 중요한 자문이다. 사실 형편없는 학교 교육이 못마땅하거나 막연하게 재택교육을 해주고 싶어서 시작했고, 아차 싶긴 하지만 홈스쿨이라는 덫에 걸려 있다고 느끼면 엄마나 아이 누구에게도 도움이 되지 않는다. 아이들은 바로 눈치를 챈다. 자신이 가장 사랑하는 사람인 엄마나 아빠의 활력과 기쁨을 앗아가는 짐덩어리가 되고 싶어 하는 아이는 아무도 없다.

　홈스쿨은 특권이자 기회다. 어느 날부터인가 더는 특권이자 기회라고 느껴지지 않을 때는 뒤로 물러나 스스로에게 몇 가지 질문을 던져봐야 한다. 엄마가 이끌어가고 있는 현재의 삶이 어린아이였을 때, 10대였을 때, 또는 지금보다 나이를 덜 먹은 부모였을 때 상상했던 이상에 잘 맞는 삶인지에 대해서 말이다. 어른이 되면 이렇게 하게 될 것이라고 생각했던 활동을 하고 있는가? 아니라면 그 이유는 무엇인가? 그렇다면 지금이라도 소박하게 시도할 수 있는 일이 무엇일까?

인생에 있어서 다시,라는 것은 없다. 인생은 한 방향으로만 움직인다. 즉, 아이가 다 자랄 때까지 엄마가 꿈을 보류하면 인생의 값진 순간을 잃어버릴 수도 있다. 컴퓨터 프로그래머가 되고 싶었다면, 더는 선택지가 없다. 기술은 빠르게 발전하고 있고, 시대에 뒤처지지 않는 게 중요하다.

엄마의 관심 영역에 딱 맞는 지역의 교육 프로그램은 준비되었다고 여겼을 때 신청해보려고 해도 마감되어서 포기해야 할 수도 있다. 아니면 암이라는 끔찍한 진단을 받아서 모든 것이 엉망이 될 수도 있다.

홈스쿨을 선택하기 전에 엄마의 삶을 돌아보라

홈스쿨을 하려면, 엄마의 성인기 삶에서 10~25년가량의 세월을 투자해야 한다. 지금 엄마의 열정을 홈스쿨에 펼칠 여지가 있고 시작하겠다는 결심이 섰다면, 막내가 집에서 독립해 나갈 때 새로운 삶으로 건너갈 다리를 놓기까지 포기하지 마라. 엄마의 불같은 학습 체험을 위해 작은 불씨를 살려두면 홈스쿨 교육에 활기가 붙을 것이다.

이 부분은 중요하게 생각할 문제다. 엄마 자신이 어떤 사람이고,

아이들 외에 무엇에 즐거움을 느끼는지를 알고 있다면 홈스쿨이라는 대장정이 끝났을 때 평안함과 낙관론이 찾아온다. 뿐만 아니라 엄마에게 운명적으로 느껴지는 기여활동을 펼치게 될 수도 있다.

홈스쿨이 더 이상 즐겁지 않다면 엄마가 되고 싶은 인상적인 어른상으로 관심을 돌려라. 그런 변화만으로도 시들해진 홈스쿨에 활력이 주입될 수 있다. 내 주변에 대학에 다시 들어가거나 석·박사학위 취득과정을 시작한 친구들이 있는가 하면, 직업을 구하고자 도전하거나 재취업을 한 경우도 있다. 나는 대학원에 입학했다. 공부하면서 홈스쿨의 열의가 끓어올랐다. 나는 아이들에게 대학원에서 배우는 것들에 대해 자주 이야기해주었다.

말이 나와서 말이지, 내 학위논문은 제이콥이 인권법으로 진로를 선택하는 계기로 작용했던 결정적 통찰을 일으켜주기도 했다. 아이들이 모두 독립해 나갈 때까지 대학원 진학을 보류했다면 이런 공부 불꽃은 일어나지 못했을 것이다.

홈스쿨이 의미 있게 다가오지 않고, 즐거운 기회를 더 가지기 위해 성인으로서의 삶을 확장시킬 기력도 없다면 지금 집에서 이루어지는 눈에 보이지 않는 교육을 찬찬히 돌아봐야 할 때다. 만약에 그렇다면 엄마의 삶에서 환희와 기력을 고갈시키는 것이 무엇인지 찾아야 한다.

세상에서 가장 쉬운 일은 자신의 욕구를 무시하는 일이다. 그것도 수면, 잘 먹기, 즐기기, 좋아하는 음악 듣기, 운동, 기분 좋은 섹스, 마음의 평온 같은 합당한 욕구를 말이다. 엄마는 깨물어주고 싶도록 사랑스러운 아이를 위해 원하거나 필요로 하는 것들을 건너뛴다.

그러면 어떻게 될까? 사는 게 재미없어진다.

나는 어떤 이유로든 행복을 침해당했을 때 사랑하는 사람들에게 푼다. 소리를 지르지는 않는다. 나는 기대한다. 아이들을 통해 조금은 대리만족을 얻을 수 있기를. 아이들이 아주 장한 사람으로 자라길. 내 에너지를 아이들의 인성, 교육, 취미, 밝은 미래를 틀 잡는 데 쏟아붓는다.

내가 지쳐 나가떨어질 때까지 그렇게 한다. 아이들이 내가 짜준 멋진 계획을 받아들이지 않으면 무너진다. 저 애들은 내가 자신들의 교육이나 미래를 위해 세워놓은 이 탁월한 설계에 왜 협력해주지 않을까? 고통 없이 신나게 살게 해주려는 내 노력을 왜 몰라 줄까? 이런 답답한 마음이 든다.

애석하게도, 행복한 아이들은 부모가 자기에게 해주는 모든 좋은 것들에 신경 쓰지 않는다. 부모가 해주는 모든 것을 당연하게 여기는 방면으로는 탁월한 재능을 가진 존재가 아이들이다.

아이가 엄마의 품 안에서 유년기를 끝까지 잘 보내는 것이 궁극적인 성취감과 행복의 결정적인 요인이라는 믿음으로부터 벗어나라. 엄마에게 인생은 한 번뿐이고, 그것은 자녀들을 위해서만 쓰여서는 행복할 수 없다.

이제부터는 자아를 되찾자. 그리고 당신의 가족과 홈스쿨 속으로 그런 충만한 자아를 데리고 오자. 이제부터는 자신을 드러내 보이기도 하자. 명심해라. 모든 엄마의 상상 속에는 눈부신 미래상이 살고 있었음을. 이제는 그 미래상이 엄마의 내면 밖으로 나와서 활약할 때다.

26장
공부불꽃은 끈끈한
가족력이 기본, 이것은 진리다

교육은 분위기다.
아이는 부모에게서 발산되는 분위기와 삶을 지배하는 생각들을 같이 느낀다.
부모가 만든 분위기 안에서 호흡한다.

Charlotte Mason(교육가)

☀ 공부 불꽃=유대, 유대, 유대!

10대 아이를 키우며 부딪치는 양육의 난관을 나만은 피해갈 줄로 믿었던 때가 있었다. 우리는 정말로 끈끈히 유대되어 있다고 믿었다. 달라고 할 때마다 젖을 먹여주고, 같이 잠도 자고, 같이 홈스쿨을 해온 사이였기 때문이다. 나는 언제나 아이들의 생각을 알았고 아이들은 언제나 나에게 자신의 꿈을 털어놓기도 했다.

그러다 첫째인 노아가 열네 살이 되었을 때, 나는 내 신념에 결함이 있다는 것을 발견했다. 사춘기를 맞이한 노아는 자신의 자아를 찾기 위해 돌변했고, 우리 부부와 차별화하기 시작했다. 아들의 자아는 이제 우리가 비집어 열어 볼 수 없는 생각을 품고, 자신만의 생각과 견해를 가진 것이다.

그 즈음 노아는 헤비메탈 음악에 빠져들었다. 메탈리카, 레이지 어게인스트

더 머신에 심취했다. 하지만 우리 가족문화는 째지는 기타 연주와 공격적인 가사를 내세운 음악과는 거리가 멀었다.

노아의 아빠와 나는 특정 밴드의 곡을 듣지 못하게 했다. 더불어 우리가 판단하기에 '성인물'이라 아직은 아이가 보면 안 될 것 같다는 기준에 따라 노아가 읽을 수 있는 책도 제한했다.

하지만 우리가 아무리 제약을 가해도 노아는 헤비메탈 음악이나 금지된 책을 읽을 방법을 찾아냈다. 벌을 주겠다고 으름장을 놓아도 소용없었다. 급기야 이대로 안 되겠다 싶은 날이 왔다. 노아가 금지된 오디오북을 듣고 있는 것을 알게 된 것이다.

그날, 우리는 걱정스러운 마음에 내몰려서 끝내 우리 생애에서 가장 형편없는 양육을 했다.

우리는 똑똑하고 호기심 많은 우리 10대 아이에게 큰 소리로 꾸짖고 화를 내며 아들을 당혹스럽게 했다. 집 안이 쩌렁쩌렁 울리도록 큰 소리를 내서 침실로 들어가 자라고 보냈던 다른 아이들까지 깨울 정도였다. 사랑하는 아들의 미래에 대해 악담을 퍼붓기도 했다.

"우리가 금지곡으로 정한 음악이나 노래를 듣고, 읽지 말라고 한 책을 읽어서 신뢰를 잃었는데 어떻게 너를 믿겠니? 부모의 아주 합당한 제한도 따르지 못하는데 나중에 취직해서 상사를 따를 줄이나 알겠어?"

"당연히 믿고 믿어도 돼요. 그것 때문에 나쁜 일은 하진 않을 거니까. 왜 내가 성실하게 직장생활을 못 할 거라고 생각하세요? 음악 듣는 것과 책 읽는 것이 직장생활과 무슨 상관이죠?"

아들은 우리에게 호소했다.

"엄마, 엄마는 서정시를 좋아하셨잖아요."

"아빠, 이 책에는 굉장한 철학적 주제가 담겨 있다고요."

우리의 절망감은 더 커졌고 호된 꾸지람은 30분이 지나도록 그치지 않았다. 노아는 알아듣는 기색을 조금도 보이지 않았다. 결국 우리는 너무 멀리까지 가고 말았다. 남편은 카세트 플레이어를 벽으로 내던져 산산조각 냈다. 텅 빈 묘지와 같은 정적이 이어졌다. 우리가 노아의 마지막 방어를 짓밟아버렸고 노아는 할 말을 잃고 상처를 입은 채 눈물을 흘렸다.

순간 나는 몸서리를 쳤다. 너무 부끄러웠다. 우리가 노아에게 그 어떤 책이나 노래보다도 더 크게 마음의 타격을 입혔다는 모순적인 사실이 떨쳐지지 않았다. 수습할 방법이 떠오르지 않아서 대충 얼버무리고 노아를 제 방으로 들어가게 했다. 나는 남편에게 말했다.

"노아는 독자적인 인격체야. 우리가 애한테 잔인했어."

그날 우리는 서로 대화를 나누다가 단 하루 만에 바로 깨달았다. 우리가 우리의 소중한 첫째 아이와의 관계에 큰 손상을 입히고 말았다는 것을. 우리가 미숙했던 것이다.

확실히 10대의 양육에는 그보다 나이 어린아이들과는 완전히 다른 양육법이 필요했다.

다음 날 우리 부부는 더듬거리며 노아에게 사과했다. 하지만 사과만으로는 부족했다. 그래서 노아의 바람대로 통제하기보다 성인기로 가는 통과의례에 함께해주었다.

이번 여정은 아들의 발전이 아니라 아들을 놓아주는 것이 관건이었다. 나는 결연한 자세로 비판의 마음보다 관심을 가져주었다. 노아가 듣는 음악을 같이 들으며 서정시 같은 그 노래 가사를 읽었다. 그러자 정치적 문제와 설득력 있는 내용이 눈에 들어왔다. 호기심이 생겨서 노아에게 질문을 던지기도 했다. 노아는 생기에 차서 정치, 정체성, 음악 이야기를 했다. 그런 노래 가사를 우리가 티타임 때 셰익스피어의 희곡과 시에 대해 토론할 때만큼이나 조목조목 분석했다. 나는 점점 레이지 어겐스트 더 머신을 높이 평가하게 되었다. 이제는 메탈리카의 노래도 알고 그를 좋아하는데 노래를 듣다 보면 그때 그 시절과 노아가 떠오른다.

존은 다른 전략을 취했다. 노아의 생일 선물로 헤비메탈 콘서트 티켓을 구매해 같이 가주기까지 한 것이다. 담배 연기 자욱한 공연장에서 다섯 시간 동안 시끄러운 음악을 들으면서까지 아들이 좋아하는 음악을 공감하는 시간을 보냈다.

이후 우리에게 변화가 생겼다. 아이들과 차근차근 대화를 나누면서 같이 기준을 정할 수 있게 된 것이다. 10대 아이들을 폭력, 악행, 타락에 물든 세상과 접하지 못하게 할 방법은 없다. 아이들을 지켜주는 것은 제한이 아니라 유대다. 그러니 아이가 부모에게 보내는 초대에 응해주자.

성장 중이었던 노아와 유대를 하게 되었던 그때의 그 일이 일어났음에 감사한다. 그 일이 일어나지 않았다면 우리는 아주 많은 것을 잃었을지도 모른다.

홈스쿨의 현실

교육은 분위기에 의해 결정된다. 프로그램도 아니고 공인된 가르침이 문제가 아니다. 아이들이 집에서 배우는 것은 바로 가족의 분위기다. 우수한 커리큘럼으로 집을 놀이와 상상력으로 가득한 동화 나라로 변신시키고도 여전히 홈스쿨은 엉망이 될 수 있다. 이 문제는 다루기 미묘하지만 꼭 짚고 넘어가야 한다. 아이들이 집에서 어떤 기분을 느끼느냐는 얼마나 교육을 잘 받는지와 전적으로 관련되어 있다. 홈스쿨러라고 해서 다른 여러 유형의 가족을 괴롭히는 가족기능 장애와 멀어져 있지는 않다.

실제로 유명한 홈스쿨의 선도자들이 알고 보니 폭력적인 부모이거나 결혼생활에 불충실한 사람으로 밝혀지는 경우도 종종 있다. 또한 홈스쿨 사업의 리더가 자신의 커리큘럼과 신념을 전 세계에 선전하느라 아이들을 방치하면서도 공개적으로는 행복한 가족생활을 보여주며 거짓된 생활을 하기도 한다. 이런 가정에서 성장한 아이들은 가족기능 장애를 숨기도록 교육받으며 고통에 시달린다.

미국의 단편소설 작가 플래너리 오코너Flannery O'Connor는 이런 말을 했다.

"유년기를 무사히 넘긴 사람은 누구나 남은 평생을 버틸 만큼 삶을 통달하게 된다."

이 대목을 떠올릴 때면 나는 혼자서 싱긋 웃는다. 우리는 누구나 나름대로 어린 시절에 대해 잊을 수 없는 사연을 가지고 있지 않은가. 이에 대해 나이를 먹으면서 깨달은 바가 있다. 유년기는 훌륭한 단편소설을 엮을 만한 좋은 소재가 될 수 있고 어른이 되어 내리는 선택에 많은 영향을 미치기도 한다는 것을.

가족 구성원 모두는 서로 범퍼카처럼 부딪치는 불완전한 존재들이다. 서로 간섭하고 다투면서 때로는 큰 즐거움을 주고 때로는 트라우마의 지경까지 치닫기도 한다. 평범한 가족마다 다 고통이 있지만 기능장애 가족은 특히 더 심하다.

가족이 상습적인 기능장애 상태인지, 단지 때때로 그런 분위기로 넘어가는지 되돌아보자. 가족 모두 건전한 책무를 이행하고 있는지 주의 깊게 되새겨보기 바란다.

가족이 상처가 될 때

아이가 자연스럽게 안정감이 잡혀 있어서 자신이 얼마나 행복한 삶을 누리고 있는지 인식하지 못하는 그런 가정이 홈스쿨을 하기에 바람직한 환경을 갖추었다고 본다.

나는 유년기에 대체로 행복감을 느낀 편이었지만 부모님의 이혼 이후로 모든 것이 환상이었던 것 같은 느낌을 떨치지 못했다. 건강한 가족생활을 이루는 조건은 무엇일까? 나와 내 결혼생활, 그리고 우리 아이들에게 일어나는 문제 중에 정상적인 문제는 무엇이고 위험한 문제는 무엇일까?

나는 20대 때 건전한 부모가 되려면 어떻게 해야 하는지를 이해하려고 애썼다. 하지만 여전히 이따금씩 아이들의 행동을 통제하려 드는 함정에 빠졌다. 그러다가 베스트셀러《천재가 될 수밖에 없었던 아이들의 드라마das drama des begabten kindes und die suche nach dem wahren selbst》의 앨리스 밀러Alice Miller가 규정한 '해로운 육아법'을 수년 동안 의미 있는 말로 새겼다.

내가 여기에서 쓰는 해로운 육아법이라는 말은 공공연히나 은연중에 강요, 조종, 정서적 협박을 가함으로써 아이의 의지를 깨뜨려 순종적으로 만들려고 지향하는 양육과 교육을 지칭한다.

많은 부모가 아이의 자의식을 길러주기보다 순종을 강요하고, 탐구를 응원해주기보다는 통제를 가하고, 아이다운 호기심을 지켜주기보다 어른의 기준에 예속시키고픈 유혹에 빠지기 쉽다. 그러나 아이에게 힘을 행사하려는 태도를 아이와 함께 힘쓰는 태도로 바꿔야 홈스쿨이 원활히 이루어진다. 이것이 부모와 아이가 공부 파트너가 되어 서로 공감할 수 있는 관계를 맺어야 하는 이유다.

아이들은 감정 풍향계

이쯤에서 한 가지 고백하고자 한다. 할 일은 너무 많고, 교육을 제대로 한 것 같은 증거는 별로 없고, 바보 같은 짓들이 벌어지고, 남편은 나를 무색하게 만들고, 팬트리에는 저녁거리로 쓸 만한 식재료가 하나도 없던 그런 날에 대해서다. 나는 갑자기 현관 복도에 팽개쳐져 있는 신발을 보고는 그만 울컥 폭발했다.

"이 신발들 정리 못 해! 그리고 소파에 코트 벗어서 놔둔 사람 누구야? 저것도 가져다 걸어. 어서!"

그렇게 억눌려 있던 분노를 터뜨리면서 식구들에게 상처를 입히고 말았다. 나중에야 아이들에게 들었는데, 그런 상황이 닥치면 자기들끼리 이렇게 말했다고 한다.

"걱정 마. 엄마는 지금 파덩크 아덩크 상태야. 그냥 가서 치워. 엄마는 좀 지나면 괜찮아질 거야."

내가 폭발해서 하는 행동에 암호명을 붙여서 말했던 것이었다. 아이들은 상황을 있는 그대로 이해했다. 아이들은 그것이 일시적이라는 것과, 자신들 때문이 아니라는 것도 알았다. 하지만 아이들은 그런 대우를 받아서는 안 된다. 절대로.

엄마라면 누구나 가끔씩 '파덩크-아덩크'를 한다. 하지만 우리의 좌절을 표현할 더 건전한 방법은 그것을 인정하는 것이다. 나는 그럴 게 아니라 사실대로 털어놓아야 한다는 것을 배웠다. 안 그러면 내 분노를 다른 사람들에게 풀어버리게 된다.

남을 탓하는 습관이 지속되고 있다면 이제는 가족의 문화를 더욱 신중하게 살펴봐야 할 때다.

오늘날에는 커리큘럼의 선택에 서툴러서가 아니라 양육 방법 때문에 홈스쿨이 유해한 영향을 미치는 경우가 종종 있다.

당신은 아이가 어떤 행동을 못하게 하기 위해 말로 혼낼 수 있다. 겁을 줄 수도, 벌을 줄 수도 있다 (…) 골먼과 동료 연구진이 밝혀낸 확실한 임상 증거에 따르면 가족이 훨씬 더 기능을 잘하고 아이가 감정을 훨씬 더 통제할 수 있게 되는 경우는 아이가 감정을 품고 있는 동안 그 감정을 제대로 다루거나, 감정에 대해 이야기를 나누거나, 부모가 같이 있어 줄 때다.

가족 내의 수치심을 다룬 저서 《수치심의 치유Healing the shame that binds you》로 유명한 존 브래드쇼가 상기시켜주고 있듯 양육의 참된 의무는 아이의 독자적인 정서 생활을 잘 다루어주는 일이라 할 수 있다. 아이가 자신의 다양한 감정을 이해하고 그 감정을 거부하는 방법과 의미 있게 통합하는 방법을 배우도록 도와주어야 한다.

아이들을 집에서 가르칠 때는 감정과 교육이 더욱 확실하게 연결된다. 아이들은 가족 문화의 감정 풍항계 역할을 한다. 아이가 지금 느끼는 감정은 반드시 공부에 영향을 미치게 되어 있다. 아이가 기분과 집중력에서 기복을 보인다면 학습 프로그램을 재평가하기보다 감정 풍항계를 확인해서 아이의 뚱한 기분을 살펴봐줘야 한다. 무엇 때문에 기분이 안 좋아진 걸까? 어떻게 해야 편안한 상태로 돌아가게 해줄 수 있을까?

대다수의 엄마는 아이가 세탁세제를 삼키거나 표백제를 마시지 못하게 하려고 온 신경을 쓴다. 하지만 때때로 아이들의 정서적인 안전은 깜빡한다.

모든 부모는 실수를 한다. 아이들도 실수한다. 가정에 폭풍이 다가오고 폭우가 내리고 뒤이어 회복과 새로운 발전이 일어날 수 있다. 가족이 원만하게 지내는 이유는 그런 험악한 날씨의 순간들로부터 회복될 여지가 있기 때문이다. 엄마가 걱정을 내세워 아이에게 입힌 손상은 회복될 수 있다. 우리 부부와 노아가 그랬듯이 말이다.

부모가 편안해질 감정의 틀에 아이를 끼워 맞추려고 씨름하기보다 어린아이에서 10대로 넘어가는 여정을 함께해줄 시간이 아직 있다. 이를 실천하려면 용기가 필요하다. 엄마는 용감한 학습자가 되어야 한다.

홈스쿨의 핵심은 유대다. 어떤 경우에도 멈춤이 없는 유대여야만 한다. 아이들은 '함께 있어주기와 사랑'이라는 선물을 잘 베풀어줄 부모를 가질 자격이 있다.

27장

홈스쿨 장소로
지금 우리 집이 제일이다

신뢰를 배우지 못한 사람은
극성과 친밀함, 집착과 배려, 통제와 안전을 혼동한다.

John Bradshaw(심리치료사)

※ 공부 불꽃=유대, 유대, 유대! ※

홈스쿨을 하는 엄마 중에 상당수가 완벽하게 수행해야 한다는 부담에 짓눌린
다. 헌신적인 엄마 겸 교사이자 전업주부로 뛰어난 지성을 갖춘 성인이 되고 싶
어 한다. 스스로에게 모든 필요성을 충족시킬 만한 창의력, 체계성, 지성이 발휘
되기를 기대하고 그렇게 하지 못하면 자신을 탓한다.

우리는 용기 있게 한계를 인정해야 한다. 그러고 나서 가장 듣기 좋은 어조로
되뇌어보자. 이렇게 하면 사실을 마주하는 데 큰 힘이 된다.

먼저 사실을 말하자.

"우리 애들이 수학을 싫어하는 게 내가 잘못해서인 것 같아. 내가 권유하고
격려하기보다 잔소리하고 입씨름하는 식으로 가르치고 있잖아."

그다음 그 사실을 너그럽게 받아들인다.

"나는 수학에 약해. 내가 아는 사람 중에 내 수학과의 악연을 끊어줄 만한 사람이 누구 없을까?"

사실에서부터 출발해 부정적인 자기 대화의 소리에 직면해보자. 그리고 기어를 바꾸고 엄마 자신을 곤경에서 벗어나게 해주자. 자신을 위해, 아이를 위해, 그리고 엄마의 교육관을 위해서 그렇게 해야 한다. 다음과 같이 시작해보자.

1. 현재 자신을 솔직하게 평가하기: 당신은 어떤 사람인가요? 지금 현재 당신의 욕구와 열망과 능력은 어느 정도인가?

2. 연민의 마음을 가지고 아이를 평가해보기: 당신의 아이는 어떤 아이인가? 애정 어린 눈으로 아이를 살펴보자. 아이의 성향, 장점, 약점을 공감하는 마음으로 평가해볼 갖가지 방법을 찾자.

3. 교육의 선택안 확대하기: 당신의 선택안은 무엇이 있는가? 가능하면 모든 선택안을 끄집어내보자. 아이의 바람도 고려하자.

위의 질문에 솔직하게 대답했다면 이번에는 확인한 사실을 받아들이는 시간을 갖는다. 일단 사실을 인지하고 나면 엄마가 탐구해볼 새로운 아이디어를 찾는 일은 무의식이 알아서 할 것이다.

내 경험상 부모는 세 가지 변수 중에 두 가지만 고려하고는 한다. 예를 들어, 아이와 교육 선택안은 살펴보면서 자신의 욕구나 성향은 무시한다. 자신과 잘 맞지 않는 학습 모델을 취하면 짜증이 난다. 결국에는 그 짜증이 아이들에게 향하기 마련이다.

또 다른 예로, 아이는 체계적인 구조의 학습에 잘 맞는데 부모가 자유분방한 사고방식의 소유자인 경우도 있다. 이럴 때는 성향 차이를 조화시켜 모두에게 만족스러운 공부가 되게 할 방법을 찾아야 한다. 아이와 부모는 둘 다 행복한 홈스쿨을 위해 중요한 존재다.

예전에 내가 자주 들어가던 어느 홈스쿨 토론 게시판에는 다음과 같은 게시글이 종종 올라왔다.

"저는 실없는 얘기는 안 해요. 그냥 아이들에게 이렇게 말하죠. '이게 과제니까 끝까지 다 마쳐놓는 게 좋을 거야. 안 그러면 한 달 동안 컴퓨터는 손도 못 댈 줄 알아.' 그러면 마법같이 잘 통한다니까요."

하지만 그게 정말로 마법처럼 잘 통했던 것일까? 그런 체계하에서 아이가 공부, 가족, 관계에 대해 어떤 교훈을 얻을까? 눈에 보이지 않는 교육은 어떻게 될까?

어떤 교육의 선택안이 채택되었는지 간에 가정이 화목하려면 공부, 가족, 관계 이 세 가지 요소를 빠짐없이 고려해야 한다.

이념은 홈스쿨의 부담을 가중시킨다

내 친구인 리즈가 다섯째 아이를 낳았을 때. 처음으로 건강상의 위기를 맞았다. 리즈와 그녀의 남편은 그 지역 내에서 홈스쿨의 옹호자로 알려져 있었고 많은 사람에게 롤모델이었다. 하지만 리즈는 몸이 아프자 건강 회복을 위해 홈스쿨에 전념하기를 중단해야 한다고 마음먹은 것이다.

리즈의 아이들은 모두 난생처음 등교했다. 나와의 전화 통화 중에

리즈는 이렇게 말했다.

"이번 학기에는 예전처럼 못하겠다는 걸 인정하지 않을 수가 없네. 아무래도 한동안 다른 사람에게 지휘권을 넘겨줘야겠어. 이제 와서 알겠어. 우리는 지금까지 가족만의 독자적인 공부 생활 이야기를 써왔다는 걸. 앞으로도 남들과는 다른 우리만의 이야기를 써나가면 돼."

감동적인 깨달음이었다! 이념에 집착하면 솔직한 사색을 하지 못한다.

몸이 회복되자 리즈는 다시 집에서 아이들을 공부시켰다. 현재 아이 몇 명만 가까운 고등학교에서 파트타임으로 수업을 받고 나머지 아이들은 하루 종일 집에서 지낸다. 리즈의 가족은 다양한 교육의 선택안을 펼치면서 여름에 온 가족이 코스타리카의 어학원에서 스페인어를 배우기도 했다.

많은 선택안에 마음을 열어놓으면 아이들이 저마다 자신만의 이야기를 가진 독자적인 인물로 성장할 여지가 생긴다. 우리의 목표는 우리 아이들이 최고의 자신이 될 수 있도록 맞춤형 교육을 해주는 데 있다.

상당수의 엄마는 모성에 대한 이상화된 관점을 품고 홈스쿨을 시작한다. 하지만 아이에게 엄마 역할을 해주는 동시에 완벽한 교육을 시켜준다는 것은 엄청난 임무이다. 그래서 엄마는 이중의 압박을 느낀다.

나는 설득력 있는 이념에 잘 넘어간다. 어쩌면 당신도 그럴 것이다. 가정 분만, 모유 수유, 아기띠, 종교적 열정, 결혼생활 유지 등은 현대생활에 역행하는 열정과 신념 체계의 사례들이다. 이런 신념을 선택하면 헌신적 에너지가 필요하다. 이런 선택의 밑바탕에는 불굴의 의지로 변함없이 헌신하면 행복하고 건강한 생활로 이끌어줄 것이라는 가정이 깔려 있다.

내가 막 엄마가 되었을 때, 나는 모유수유에 대한 이상에 주목했다. 모유수유를 해주면 자연면역이 생기고 엄마와 아기의 유대가 높아지고 영양적인 면에서도 좋다는 말에 끌렸다. 그러다가 시간이 지나면서 독단적이 되어, 분유수유를 완전히 거부했다. 아이에게 분유를 먹이는 엄마들은 나보다 덜 헌신적이라고도 생각하기에 이르렀다.

그러다가 한 친구가 여자아기를 입양해 분유수유를 하게 됐을 때 이런저런 의문이 들기 시작했다.

'정말로 친구의 입양아가 젖병 때문에 엄마와 질 낮은 관계를 맺게 될 거라고 믿는 거야? 나는 모유수유에 좋은 기억들이 있었고 또 아이가 생기면 그때도 두말없이 모유수유를 할 거야. 하지만 내가 어쩌다 모유수유를 하나의 이념으로 매달리게 된 걸까?'

그 뒤로 15년이 지나서 나는 이념의 위험성을 또 한 번 깨달았다. 홈스쿨 부모들은 검증을 회피하기 위해 같은 이념의 친구들을 찾는다. 철저하게 믿는 사람들은 절대적인 헌신으로 그 신조에 매달린다. 성과가 빈약할 때는 정확히 수행하지 못한 탓으로 돌린다.

홈스쿨계에는 이런 환상 속 삶의 롤모델로 떠받드는 슈퍼스타급 인물들이 있다. 이런 롤모델의 추종자들은 장애물에 부딪치면 그것은 체계의 실패가 아니라 실행자들의 실패라고 말한다. 그러다가 롤모델이 위선자로 밝혀지면 그 이념은 산산조각이 난다. 이때 추종자들은 어떻게 될까? 뭐가 잘못되었는지, 다음에는 어디로 가야할지 고민하다가 대체로 한 신념 체계를 또 다른 체계로 바꾼다.

이런 이념은 엄마가 홈스쿨을 유지하는 데 부담을 준다. 그래서 편안하고 즐겁게 홈스쿨을 유지해나가기가 어렵다. 용기 있는 엄마표 홈스쿨은 신뢰의 마법으로 귀결된다. 홈스쿨에서는 엄마가 자신을 믿고 아이들을 믿고 공부 과정을 믿는 것이 관건이다. 신뢰에는 결과를 미리 알지 못한다는 뜻이 함축되어 있다. 그러므로 이념을 설정해놓는 것은 무의미하다. 가족 안에서 일상적으로 작용하는 신뢰는 보여지기보다는 느껴지는 것이기 때문이다.

홈스쿨에 언스쿨링 Un-Schooling 도입

대학원에 진학하면서 나는 언스쿨링 이론 공부도 시작했다. 그때는 아이들마다의 독자적인 열정을 발견해서 뛰어난 자기주도형 학습 능력을 길렀으면 좋겠다는 기대와 바람을 품고 있었다. 언스쿨링은 배움의 주체가 아이들 자신이 되는 것을 의미한다. 각자 다양한 잠재력과 재능을 가지고 태어난 아이들의 특징을 가장 잘 알고 있는 사람은 바로 자신이므로 엄마는 끊임없이 호기심을 불어넣고 공부불꽃을 당기며 공부하기 좋은 환경을 만들어주면 된다. 엄마는 아이가 스스로 터득하는 법을 배울 수 있도록 돕기만 하면 된다.

그 시절 나는 일주일에 두 번씩은 대학원에서 교수에게 수업을 들었는데, 공부가 무척 재미있었다. 15년 동안 내 분야에 대해서만 혼자 힘으로 공부하다가 내가 할 일은 그저 따라가기만 하면 되는 것뿐인 학습자가 되어보니 안도감마저 느껴졌다.

반면에 집에서는 언스쿨링 모델을 서툴게 적용하면서 아이들을 위한 공부 준비에 소홀한 것 같아 죄책감도 들었다. 내가 아이들의 공부불꽃을 꺼뜨리는 것은 아닌지, 그네들의 자기주도형 학습을 오히려 방해하는 것은 아닌지, 내가 지도하면 아이들이 제 나름의 열정에 불을 붙이지 못하는 것은 아닌지 걱정되었다.

그러다가 이 모든 문제가 순조롭게 융화되는 순간을 맞았다. 교육이란 여러 가지 방법론이 어우러져 이루어지며 그마다 특정의 장점과 한계를 갖추고 있다는 사실을 깨달은 덕분이었다.

내가 대학원에서 공부하기를 좋아하고 있다고 깨달은 바로 그날, 나는 교육적 이념에 대한 집착을 내려놓았고 덕분에 집 안에는 자유의 바람이 불었다. 갑자기 모든 교육적 선택안이 검토할 대상에 들었다.

조안나가 파트타임 고등학교 수업에 관심을 보였을 때도 나는 그런 관심을 홈스쿨을 무력화시킬 요소로 여기지 않았다. 언젠가 홈스쿨 친구인 수지는 이런 말을 했다.

"다양성은 삶의 양념이야. 나는 똑같은 교육 철학을 3년 넘게 따른 적 없어. 나도 우리 애들도 새로운 것을 시도해보는 걸 좋아해."

우리가 자신에게 줄 수 있는 선물은 교육에 다양한 실험을 도입하기를 허용하는 일이다. 안 될 이유가 없지 않은가?

또 다른 선택안, 어스스쿨링Us-Schooling

한번은 이런 일이 있었다.

딸들을 지도하려고 글쓰기 프로그램을 구매한 엄마가 있었다. 그런데 언스쿨링 커뮤니티에서 그 커리큘럼을 구매했다는 이유로 그녀를 진정한 언스쿨러가 아니라고 한 것이다.

그녀는 이에 맞서 다음과 같은 재치 있는 글을 썼다.

나는 그 사람들에게 이렇게 말하고 싶었다. 우리는 언스쿨러Unschooler가 아니라 '어스스쿨러Us-schooler'라고. 우리는 우리Us에게 잘 맞는 방식으로 홈스쿨을 하고 있다고.

암이나 이혼, 우울증이나 저장강박장애(종이나 음식물 등 모든 것들을 닥치는 대로 모으는 것) 때문에 혹은 홈스쿨을 지겨워하는 아이로 인해 해주고 싶은 교육을 할 수 없을 때는 스스로에게 다른 선택안을 살펴볼 자유를 허용하자. 이때는 처음 시작했을 때 배제시켰던 선택안까지 살펴봐야 한다.

이념 밖으로 나오면 '모든 선택안'이라고 표시된 탁자 앞에 앉을 수 있다. 충분히 괜찮은 가족생활과 교육을 꾸리기 위해서 의식적으로 홈스쿨에 대해 확장된 시야를 갖도록 노력해야 한다.

무너뜨리고 벗어나기

몇 년 전에 〈롤링 스톤Rolling Stone〉지에서 전설적인 로커 브루스 스프링스틴의 인터뷰 기사를 읽었다. 그때 스피링스틴이 내놓은 새 앨범은 예전에 썼던 곡과 성격이 달랐다. 그 이유에 대해 스피링스틴은 이렇게 설명했다.

"예전에는 제가 뭘 하고 싶어하는지 몰랐어요. 저를 가두고 있던 이야기를 깨고, 또 배경도 깨고 3~4년 동안 로스앤젤레스로 옮겨가 나 자신과 연관된 모든 것들로부터 벗어나야 했어요."

기사를 읽은 후 자신의 이야기를 '깬다'는 그 개념이 계속 뇌리에 남았다. 선택안들의 경계를 탐구해보기 두려워하면 때때로 우리가 원하는 게 뭔지를 모르게 된다.

우리가 아이에게 해줄 수 있는 최고의 교육은 다음과 같은 메시지를 전하는 것이다.

"네가 가고 싶은 목적지에 이르는 방법은 한도 없이 많단다. 네가 그 길을 잘 찾도록 내가 옆에서 도와줄게.'

때로는 엄마가 써온 이야기를 무너뜨려야 한다. 당신이 규정해놓은 그 이야기의 목적지, 형태, 느낌까지 모두 다. 때로는 그것이 그전까지 전혀 생각하지 못했던 최고의 교육적 선택이 되기도 한다.

28장
꺼져가는 공부불꽃에
다시 불붙이는 엄마

부디 당신의 아이를 무조건적으로 사랑해주면서
눈 맞춤, 신체접촉, 집중적 관심을 넘치도록 베풀어주세요.

Ross Campbell(정신과 전문의)

공부 불꽃=유대, 유대, 유대!

내 딸이 오하이오주립대학교에 합격했다는 소식을 들었을 때, 내 친구 셰리가 이렇게 말했다. "급여일이네!" 내가 웃으며 "뭐?"라고 묻자 그 말뜻을 이야기해 주었다.

"우린 홈스쿨을 해도 월급이 없잖아. 우리 애들이 뭔가를 성취하거나 놀라운 일을 해내면 그때가 급여일인 셈이지."

정말 마음에 쏙 드는 말이었다. 급여일은 자주 찾아온다. 다음과 같은 경우가 급여일이다.

– 당신이 괴로워하고 있을 때 아이가 와서 달래주는 날

- 아이가 처음으로 소리 내서 책을 읽은 날

- 아이가 연극에서 배역을 받은 날

- 아이들이 시키지 않았는데도 알아서 미술 탁자를 치운 날

- 시와 함께하는 티타임에서 모두가 이 시간을 좋아한 날

- 아이가 홈스쿨 받은 일을 자랑스럽게 얘기한 날

급여일은 마음을 다해 힘쓴 노력이 보람을 가져다주는 모든 순간이다. 급여일은 점점 쌓이는 중요한 날이다. 당신도 기록해보기 바란다.

공부불꽃을 다시 일으키는 순간

이제 가족의 공부 열정에 다시 불꽃을 붙여줘야 할 때다. 부모의 최우선 임무는 아이의 신체적·정서적 행복 모두를 지켜주는 일이다. 아이와 함께 다음과 같이 시간을 보내자.

- 아이 한 명 한 명과 눈 맞추기
- 한눈 팔지 않고 잘 들어주기
- 무슨 일인가를 해내면 안아주기
- 힘들어하며 쩔쩔매는 아이와 같이 앉아 있어 주기
- 어려운 활동을 할 때 간식 더 주기
- 오후 내내 놀기
- 실력이 늘어가는 부분을 눈여겨봐주면서 큰 소리로 격려하기
- 읽고 있는 책에 대해 이야기 나누기
- 오늘 푼 수학 문제를 현실 세계에 적용해볼 수 있는 상황 찾아보기
- 화나서 말하지 않도록 자제하기
- 아이의 관심거리가 마음을 불편하게 해도 호기심 가져주기
- 수업 중에 뇌를 쉬게 해주기
- 오늘의 힘든 공부 건너뛰기
- 미소 짓기
- 아이가 보는 앞에서, 상대방에게 아이가 잘해낸 일을 칭찬하기

현명한 홈스쿨을 위한 지혜

모든 가족 문제나 홈스쿨 문제를 완전히 해결해주는 방법은 애초에 없다. 우리는 때때로 삶에서 장외홈런을 터뜨리기도 하고 공이 글러브 밖으로 튀어나와 외야 밖 잔디로 나가버리기도 한다.

충분히 좋은 홈스쿨과 가족생활이 되려면 의식적이 되어야 한다. 의식적으로 선택을 내리고, 의식적으로 호의적인 행동을 하고, 의식적으로 변화와 발전에 마음을 열어야 한다. 엄마가 실수를 했지만 노력하고 있다는 것과 진정성을 느끼면, 아이는 금세 용서한다.

나는 노아가 두 살이던 1989년에 처음으로 수치와 양육에 대해 다룬 책을 읽게 되었다. 그 후 노아를 기르면서 강요하거나 통제하거나 꾸짖지 않겠다고 맹세했다. 12년의 짧은 세월이 지난 후, 내가 그 이상을 얼마나 지키지 못했는지 알게 되었다. 돌아보니 나는 두려움, 걱정, 나 자신의 한계에 뒤엉켜 내 모습을 제대로 인식하지 못했다. 내가 모른다는 것도, 이해하지 못한다는 것도 몰랐다.

현명한 홈스쿨의 첫걸음은 용기 있는 학습자가 되는 것이다. 우리는 아이들을 좀 더 자유롭고 창의적으로 교육하기 위해 이 여정에 착수했다. 아이러니하게도 아이들은 사실상 우리의 학습 여정에 의존하고 있다. 새로운 여정을 헤쳐 나아갈 때 능력이 미치지 못하는 부분적인 한계도 인정해야 한다.

여정의 길에서 장애물을 만났다면, 그것이 어떤 장애인지 찾아내

처리할 의지를 발휘해야 한다. 장애를 제거하기 위해서는 가족의 익숙한 경험 밖으로 걸어 나와 우리의 현재 생활에 그 장애가 갖는 의미가 무엇이고 어떤 영향을 미치는지 깊이 생각해봐야 한다. 몇 번이고 거듭거듭 그래야 한다.

완벽한 홈스쿨을 만들려고 해서는 안 된다. 건강한 가족과 홈스쿨은 이따금씩 서로에게 화내거나 상처 주는 실수를 저지르기도 한다. 그러나 실수를 저지르더라도 일과, 습관, 꿈, 생활 스타일이 가족 구성원 각자의 변하는 욕구와 바람에 맞춰 바뀌는 공간을 만들어간다. 나날의 삶에 깃든 일상의 마법에 주의를 기울이면 부모와 아이 모두에게 잘 맞는 공부에 불을 붙일 수 있다.

우리는 우리 나름의 고통과 아픔을 겪으며 방법을 찾고 힘든 선택을 내리면서 적응했다. 또 너무도 인간적이었던 우리 자신과 서로를 끊임없이 용서해주었다.

홈스쿨은 엄마가 아이에게 충분한 사람이라는 대담한 신념을 품고 미지의 세계를 향해 용감하게 나아가는 여정이다. 궁극적으로는 용감한 학습 모험이다.

당신이 아이에게 무엇을 제공하든, 최선이든 최악이든 아이는 그것을 받아들여 아름다운 자신만의 불꽃을 태울 것이다. 아이들은 매일매일 우리를 깜짝 놀라게 한다. 감탄스러운 아이들을 믿고 포기하지 말고 계속 나아가길 바란다.

정리하는 의미로, 홈스쿨 수업에 적용할 만한 사항들을 추려본다.

홈스쿨 수업방식에 적용해볼 만한 사항들

- 새로운 활동을 준비, 실행, 즐기기, 회상하기의 단계에 따라 해본다.

- 해당 과목에 더욱 흥미를 갖게 하기 위해 놀라움, 신비로움, 위험 등의
  모험을 활용한다.

- 네 가지 비타민C(호기심, 협력, 사색, 축하) 중에 한 가지를 적용한다.

- 수업에서 머리나 몸, 가슴이나 정신을 활성화시켜준다.

- 집 안을 어질러놓고 가만히 둔다.

- 아이와 유대를 가져준다.

- 아이의 취미생활을 함께 해주며 그에 대해 이해해본다.

- 오늘의 가정 날씨는 어땠는지 생각해본다.

- 멋진 어른이 될 만한 활동 한 가지를 해본다.

- 자기 돌봄의 차원에서 대화 치료를 받으러 간다.

엄마가 미소를 지으면
아이는 분명히
바뀐다

이 책을 쓰기 위해 자료조사를 하며 수많은 분을 존경하게 되었다. 그들의 연구, 글, 사례를 통해 공부불꽃과 애정의 철학을 세웠다. 부디 내가 그분들의 뛰어난 통찰의 본질을 잘 파악해서 내 나름의 견해와 해석을 제시했길 바란다.

살다 보면 과거를 돌아보며 무지함이나 과도한 이상주의와 부족한 인생 경험 탓에 잘못 내린 선택을 후회하는 경우가 있다. 하지만 나는 아이들에게 홈스쿨을 해주기로 마음먹었던 일만큼은 단 한 번도 후회해본 적이 없다. 지금도 그 보답을 꾸준히 받고 있을 뿐만 아니라 그 정겨웠던 기억이 새록새록 소중하게 다가온다.

지난 1980년대에 마음을 끌어당길 만한 홈스쿨의 이미지를 나에게 처음으로 보여주었던 홈스쿨 선구자, 에슬리와 위더스 가족에게 감사드린다. 가족과 학습, 유능한 엄마 겸 교육자가 어우러져 있었던 그 모습은 정말 인상적이었다.

브레이브 라이터 커뮤니티와 홈스쿨 연맹의 회원들에게도 깊은 감사를 드린다. 실명이나 익명으로 이 책에 사례를 수록하게 해준 분들에게는 특히 더 감사하다.

또한, 애들 아버지인 존 보가트의 흔들림 없는 지지가 없었다면 1992년에 이 위험한 교육의 시도에 나서지 못했을 거다. 우리 집 아이들도 모두 자신들의 이야기를 싣도록 허락해주었다. 노아, 조안나, 제이콥, 리암, 캐트린은 평생 학습자의 완벽한 본보기로 자라주었다. 모두들 솔직한 마음으로 견해를 확실히 밝혀주어 고맙게 생각한다. 아이들은 한마디로 말해, 나에게 '일생의 사랑'이다.

마지막으로, 가장 중요한 감사 인사를 나의 어머니 카렌 오코너에게 전하고 싶다. 작가인 어머니는 이 책을 출간하기까지의 대장정에서 나를 다정히 이끌어주며 처음부터 내 책의 가치를 인정해주셨다. 내가 가장 기쁘게 생각하는 부분은 홈스쿨이 등장하기 전부터 어머니 역시 일종의 홈스쿨 교육자였다는 점이다. 내 유년기 내내 어머니는 책, 발견, 학습 파트너십에 대한 열정이 남다르셨고 그런 열정이 홈스쿨 엄마로서의 나를 통해 한껏 표출되었다. 분명 엄마의 미소 덕분에 많은 것들이 훨씬 좋은 쪽으로 성장할 수 있었다. 어머니에게는 "감사드린다"라는 말로는 마음을 다 담을 수가 없다. 사랑해요, 엄마.

단행본

데이빗 엘킨드 지음. 이주혜 옮김.《놀이의 힘》. 서울: 한스미디어, 2008.

레나트 N. 케인 · 조프리 케인 지음. 이찬승 · 이한음 옮김.《뇌가 배우는 대로 가르치기: 학생을 몰입시키는 교수학습의 새로운 접근》. 서울: 한국뇌기반교육연구소, 2017.

샬롯 메이슨 지음. 노은석 옮김.《교육 철학: 창의적 학습의 통로》. 경북: 꿈을이루는 사람들, 2019.

앤 라모트 지음. 최재경 옮김.《쓰기의 감각: 삶의 감각을 깨우는 글쓰기 수업》. 경기: 웅진지식하우스, 2018.

켈리 반힐 지음. 홍한별 옮김.《달빛 마신 소녀》. 서울: 양철북, 2017.

Caine, Geoffrey and Renate Nummela Caine. *The Brain, Education, and the Competitive Edge*. Lanham, MD: Rowman & Littlefield Education, 2005.

Caine, Renate Nummela, Geoffrey Caine, Carol Lynn McClintic, and Karl J. Klimek (eds.). *12 Brain/ Mind Learning Principles in Action: Developing Executive Functions of the Human Brain*. Thousand Oaks, CA: Corwin Press, 2008.

Chödrön, Pema. *Living Beautifully with Uncertainty and Change*. Boulder, CO: Shambhala, 2013.

Costa, Arthur L. (ed.). *Developing Minds: A Resource Book for Teaching Thinking*. Alexandria, VA: Association for Supervision & Curriculum Development, 2001.

Elbow, Peter. *Writing with Power*. New York: Oxford University Press, 1998.

Joshua MacNeill. *101 Brain Breaks and Brain Based Educational Activities*. 2017.

Lois, Jennifer. *Home Is Where the School Is: The Logic of Homeschooling and the Emotional Labor of Mothering*. New York: NYU Press, 2012.

Miller, Alice. *The Truth Will Set You Free*. New York: Basic Books, 2002.

Monte-Sano, Chauncey, Susan De La Paz, and Mark Felton. *Reading, Thinking, and Writing About History: Teaching Argument Writing to Diverse Learners in the Common Core Classroom, Grades 6~12*. New York: Teachers College Press, 2014.

O'Connor, Flannery. *Mystery and Manners: Occasional Prose*. New York: Farrar, Straus and Giroux, 1969.

Oakley, Barbara. *A Mind for Numbers: How to Excel at Math and Science*. New York: TarcherPerigee, 2014.

Tournier, Paul. *The Adventure of Living*. New York: HarperCollins, 1979.

논문 및 저널

Gardner, Howard. "On Failing to Grasp the Core of MI Theory: A Response to Visser et al.." *Intelligence*, vol. 34, no. 5. September~October 2006.

Garvey, Georgia. "Exercise Balls in the Classroom?" *Chicago Tribune*. November 2 2009.

Rantala, Taina and Kaarina Määttä. "Ten Theses of the Joy of Learning at Primary Schools." *Early Childhood Development and Care*. vol. 182, no. 1. January 2012.

Reinsmith, William. "Archetypal Forms in Teaching." *College Teaching*. vol.

42, no. 4. Fall 1994.

_____. "Ten Fundamental Truths About Learning." *The National Teaching and Learning Forum*. vol. 2. 1992~1993.

웹 자료

Business Insider 〈www.businessinsider.com〉.

Counseling and Psychological Services, Brown University 〈www.brown.edu〉

Country Living 〈www.countryliving.com〉.

Forbes 〈www.forbes.com〉.

Good Life Project 〈www.frontiersin.org〉.

Homeschoolers Anonymous 〈homeschoolersanonymous.org〉.

Huffington Post 〈www.huffingtonpost.com〉.

Jim Collins 〈www.jimcollins.com〉.

Learning Theories 〈www.learning-theories.com〉.

Making Caring Common Project 〈mcc.gse.harvard.edu〉.

National Novel Writing Month Young Writers Program 〈ywp.nanowrimo.org〉.

Rolling Stone 〈www.rollingstone.com〉.

The Maloney Method 〈www.maloneymethod.com〉.

The Share Guide 〈www.shareguide.com〉.

The Student Coalition for Action in Literacy Education 〈www.unc.edu〉.

Washington Post 〈www.washingtonpost.com〉.

옮긴이 정미나

오랫동안 출판사 편집부에서 근무했다. 현재 번역 에이전시 엔터스코리아에서 출판기획 및 전문 번역가로 활동하고 있다. 옮긴 책으로 《평균의 종말》《하버드 부모들은 어떻게 키웠을까》《학교혁명》《엄마 미션스쿨》《기다리는 부모가 큰 아이를 만든다》《소리치지 않고 때리지 않고 아이를 변화시키는 훈육법》《최고의 학교》등 다수가 있다.

아이 마음에 공부불꽃을 당겨주는 엄마표 학습법

초판 1쇄 발행 2021년 1월 29일

지은이 줄리 보가트
펴낸이 정덕식, 김재현
펴낸곳 (주)센시오

출판등록 2009년 10월 14일 제300-2009-126호
주소 서울특별시 마포구 성암로 189, 1711호
전화 02-734-0981
팩스 02-333-0081
전자우편 sensio0981@gmail.com

기획·편집 이미순, 심보경   **외부편집** 유지서
마케팅 허성권   **경영지원** 김미라
디자인 유채민

ISBN 979-11-6657-001-8 03590

소중한 원고를 기다립니다. sensio0981@gmail.com